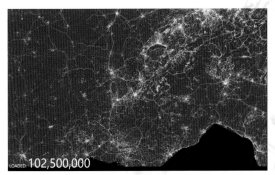

▲ ECharts 千万级数据的前端展现效果图

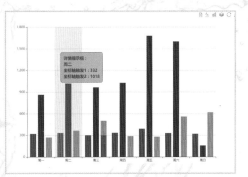

▲ 详情提示框组件实例图

ECharts 移动端
优化效果图 ▶

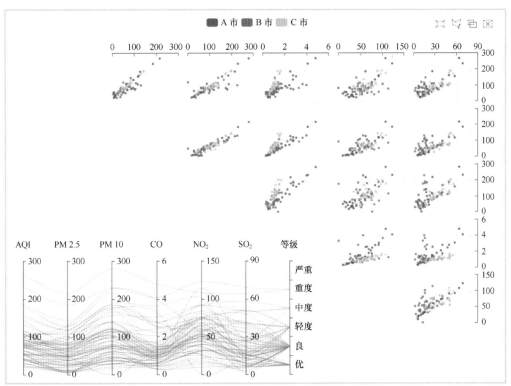

▲ ECharts 的交互组件效果

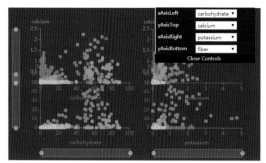

▲ ECharts 的多维数据支持

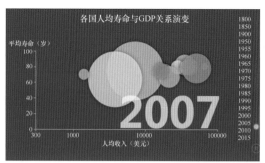

▲ ECharts 的动态数据展现

▲ ECharts 绚丽的特效展现

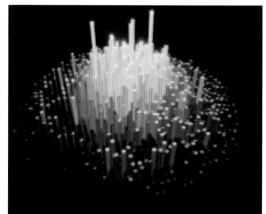

▲ ECharts 绚丽的三维可视化展现

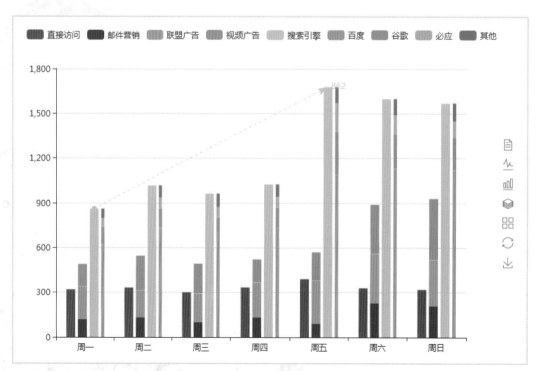

▲ 堆积柱状图示例

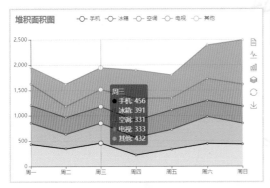

▲ 堆积面积图示例

▲ 阶梯图示例

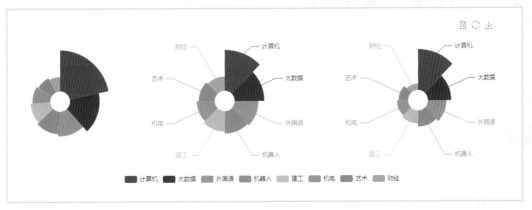

▲ 南丁格尔玫瑰图示例

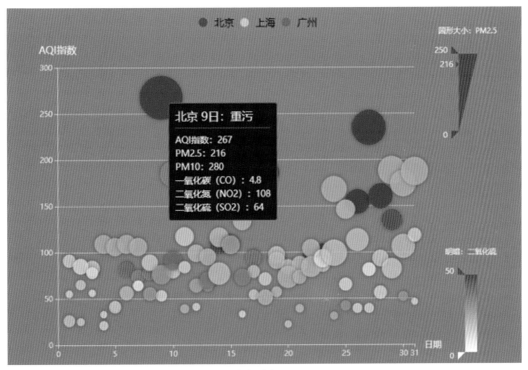

▲ 城市 A、城市 B、城市 C 三个城市空气污染指数气泡图

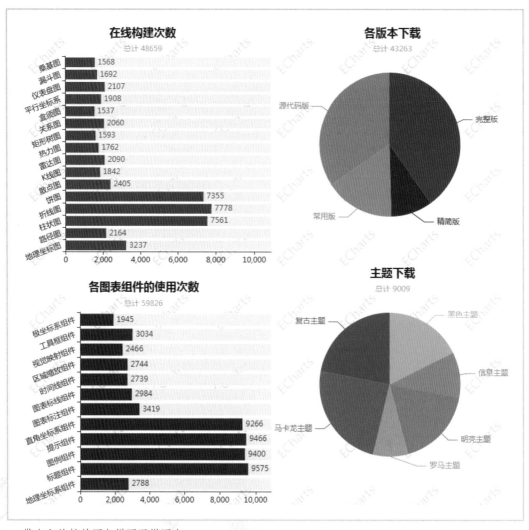

▲ 带水印的柱状图与饼图混搭图表

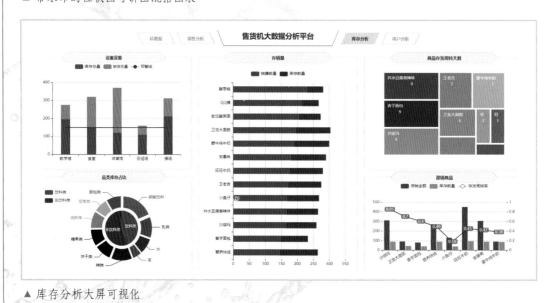

▲ 库存分析大屏可视化

大数据人才培养规划教材

Web

数据可视化（ECharts版）

Data Visualization on Web with ECharts

范路桥 张良均◎主编

郑述招 肖秀娟 李明◎副主编

人民邮电出版社

北 京

图书在版编目（CIP）数据

Web数据可视化：ECharts版 / 范路桥，张良均主编
. -- 北京：人民邮电出版社，2021.6（2024.7重印）
大数据人才培养规划教材
ISBN 978-7-115-55787-2

Ⅰ. ①W… Ⅱ. ①范… ②张… Ⅲ. ①可视化软件—教材 Ⅳ. ①TP31

中国版本图书馆CIP数据核字(2020)第264309号

内 容 提 要

本书以任务为导向，全面地介绍了数据可视化的流程和 ECharts 数据可视化的应用，详细讲解利用 ECharts 解决实际问题的方法。全书共 7 章，包括数据可视化概述、ECharts 常用图表、ECharts 官方文档及常用组件、ECharts 中的其他图表、ECharts 的高级功能、应用实战：无人售货机零售项目 ECharts 展现，以及基于 ECharts 的大数据分析可视化平台实现无人售货机用户分析。本书的大部分章节包含了实训，通过练习和操作实践，帮助读者巩固所学的内容。

本书可以作为高校数据可视化相关专业的教材，也可作为数据可视化技术爱好者的自学用书。

♦ 主　　编　范路桥　张良均
　　副 主 编　郑述招　肖秀娟　李　明
　　责任编辑　左仲海
　　责任印制　彭志环
♦ 人民邮电出版社出版发行　　北京市丰台区成寿寺路 11 号
　　邮编　100164　　电子邮件　315@ptpress.com.cn
　　网址　https://www.ptpress.com.cn
　　固安县铭成印刷有限公司印刷
♦ 开本：787×1092　1/16　　彩插：2
　　印张：16.25　　　　　　2021 年 6 月第 1 版
　　字数：391 千字　　　　 2024 年 7 月河北第 11 次印刷

定价：59.80 元

读者服务热线：(010)81055256　印装质量热线：(010)81055316
反盗版热线：(010)81055315
广告经营许可证：京东市监广登字 20170147 号

大数据专业系列图书
专家委员会

宋汉珍（承德石油高等专科学校） 宋眉眉（天津理工大学）

张　敏（泰迪学院） 张尚佳（泰迪学院）

张冶斌（北京信息职业技术学院） 张积林（福建工程学院）

张雅珍（陕西工商职业学院） 陈　永（江苏海事职业技术学院）

武春岭（重庆电子工程职业学院） 林智章（厦门城市职业学院）

官金兰（广东农工商职业技术学院） 赵　强（山东师范大学）

胡支军（贵州大学） 胡国胜（上海电子信息职业技术学院）

施　兴（泰迪学院） 秦宗槐（安徽商贸职业技术学院）

韩中庚（信息工程大学） 韩宝国（广东轻工职业技术学院）

蒙　飚（柳州职业技术学院） 蔡　铁（深圳信息职业技术学院）

谭　忠（厦门大学） 薛　毅（北京工业大学）

魏毅强（太原理工大学）

序 # FOREWORD

随着大数据时代的到来，移动互联网和智能手机迅速普及，多种形态的移动互联网应用蓬勃发展，电子商务、云计算、互联网金融、物联网、虚拟现实、机器人等不断渗透并重塑传统产业，而与此同时，大数据当之无愧地成为了新的产业革命核心。

2019 年 8 月，联合国教科文组织以联合国 6 种官方语言正式发布《北京共识——人工智能与教育》，其中提出，各国要制定相应政策，推动人工智能与教育系统性融合，利用人工智能加快建设开放灵活的教育体系，促进全民享有公平、高质量、适合每个人的终身学习机会，这表明基于大数据的人工智能和教育均进入了新的阶段。

高等教育是教育系统中的重要组成部分，高等院校作为人才培养的重要载体，肩负着为社会培育人才的重要使命。教育部部长陈宝生于 2018 年 6 月 21 日在新时代全国高等学校本科教育工作会议上首次提出了"金课"的概念，"金专""金课""金师"迅速成为新时代高等教育的热词。如何建设具有中国特色的大数据相关专业，如何打造世界水平的"金专""金课""金师"和"金教材"是当代教育教学改革的难点和热点。

实践教学是在一定的理论指导下，通过实践引导，使学习者能够获得实践知识、掌握实践技能、锻炼实践能力、提高综合素质的教学活动。实践教学在高校人才培养中有着重要的地位，是巩固和加深理论知识的有效途径。目前，高校的大数据相关专业的教学体系设置过多地偏向理论教学，课程设置冗余或缺漏，知识体系不健全，且与企业实际应用契合度不高，学生无法把理论转化为实践应用技能。为了有效解决该问题，"泰迪杯"数据挖掘挑战赛组委会与人民邮电出版社共同策划了"大数据专业系列教材"。这恰与 2019 年 10 月 24 日教育部发布的《教育部关于一流本科课程建设的实施意见》（教高〔2019〕8 号）中提出的"坚持分类建设、坚持扶强扶特、提升高阶性、突出创新性、增加挑战度"原则完全契合。

"泰迪杯"数据挖掘挑战赛自 2013 年创办以来一直致力于推广高校数据挖掘实践教学，培养学生数据挖掘的应用和创新能力。挑战赛的赛题均为经过适当简化和加工的实际问题，来源于各企业、管理机构和科研院所等，非常贴近现实热点需求。赛题中的数据只做必要的脱敏处理，力求保持原始状态。竞赛围绕数据挖掘的整个流程，从数据采集、数据迁移、数据存储、数据分析与挖掘，最终到数据可视化，涵盖了企业应用中的各个环节，与目前大数据专业人才培养目标高度一致。"泰迪杯"数据挖掘挑战赛不依赖于数学建模，甚至不依赖传统模型的竞赛形式，使得"泰迪杯"数据挖掘挑战赛在全国各大高校反响热烈，且得到了全国各界专家学者的认可与支持。2018年，"泰迪杯"数据挖掘挑战赛增加了子赛项——数据分析职业技能大赛，为高职及中职技能型人才培养提供理论、技术和资源方面的支持。截至 2019 年，全国共有近 800所高校，约 1 万名研究生、5 万名本科生、2 万名高职生参加了"泰迪杯"数据挖掘挑战赛和数据分析职业技能大赛。

本系列教材的第一大特点是注重学生的实践能力培养，针对高校实践教学中的痛点，首次提出"鱼骨教学法"的概念。以企业真实需求为导向，学生学习技能紧紧围绕企业实际应用需求，将学生需掌握的理论知识，通过企业案例的形式进行衔接，达到知行合一、以用促学的目的。第二大特点是以大数据技术应用为核心，紧紧围绕大数据应用闭环的流程进行教学。本系列教材涵盖了企业大数据应用中的各个环节，符合企业大数据应用真实场景，使学生从宏观上理解大数据技术在企业中的具体应用场景及应用方法。

在教育部全面实施"六卓越一拔尖"计划 2.0 的背景下，对于如何促进我国高等教育人才培养体制机制的综合改革，如何重新定位和全面提升我国高等教育质量的问题，本系列教材将起到抛砖引玉的作用，从而加快推进以新工科、新医科、新农科、新文科为代表的一流本科课程的"双万计划"建设；落实"让学生忙起来，管理严起来和教学活起来"措施，让大数据相关专业的人才培养质量有一个质的提升；借助数据科学的引导，在文、理、农、工、医等方面全方位发力，培养各个行业的卓越人才及未来的领军人才。同时本系列教材将根据读者的反馈意见和建议及时改进、完善，努力成为大数据时代的新型"编写、使用、反馈"螺旋式上升的系列教材建设样板。

佛山科学技术学院校长
教育部高校大学数学教学指导委员会副主任委员
泰迪杯数据挖掘挑战赛组织委员会主任
泰迪杯数据分析技能赛组织委员会主任

2019 年 10 月于粤港澳大湾区

前 言 PREFACE

随着云计算和大数据时代的发展，各行各业对数据的重视程度与日俱增，而数据可视化技术可以帮助企业用户以一种直观、生动、可交互的形式展现出数据中蕴含的信息，为企业经营决策提供强大的支撑。

ECharts 是时下流行的数据可视化工具之一，不仅汇集了柱状图、折线图、饼图、散点图、气泡图、仪表盘、雷达图、漏斗图、词云图、矩形树图等丰富的可视化图表，也具有千万数据的前端展示、移动端优化、多维数据支持、丰富的视觉编码手段等特点，大大提升了数据可视化的效果，增强了用户体验。

本书特色

本书全面贯彻党的二十大精神，以新时代中国特色社会主义思想、社会主义核心价值观为引领，加强基础研究、发扬斗争精神，为建成教育强国、科技强国、人才强国、文化强国添砖加瓦。本书以任务为导向，内容由浅入深，涵盖了数据可视化概述，ECharts 常用图表、组件、高级功能等内容。全书设计思路以应用为导向，让读者通过以练代学的方式，明确如何利用所学知识来解决问题，并能初步理解与应用所学知识。此外，为了让读者能够将所学知识进一步融会贯通，本书准备了基于真实场景的项目案例，期望通过案例的形式加深读者对理论的理解，提升知识应用水平。其中，第 7 章介绍了基于 ECharts、去编程化的大数据分析可视化平台实现数据可视化的方法与步骤。

本书适用对象

● 开设有数据可视化课程的高校的教师和学生。

目前国内不少高校将数据可视化引入教学中，在商务数据分析与应用、电子商务、市场营销、物流管理、金融管理等专业开设了与数据可视化相关的课程，但目前相关课程的教学仍然以理论为主，实践为辅。本书是基于典型工作任务的教材，能够使师生充分发挥互动性和创造性，获得较好的教学效果。

● 以 ECharts 为生产工具的数据统计和应用开发人员。

ECharts 作为商业级数据图表开发工具，被广泛用于前端开发、财务、行政、营销等岗位。ECharts 拥有直观、生动、可交互、可高度个性化定制的数据可视化图表，能够满足相关人员的数据可视化需求。本书能够帮助相关人员使用 ECharts 快速而有效地创建可视化图表。

● 关注数据可视化的人员。

ECharts 作为常用的数据可视化工具之一，应用范围广，数据可视化能力强。本书能有效指导数据可视化初学者快速入门数据可视化领域。

代码下载及问题反馈

为了帮助读者更好地使用本书，泰迪云课堂提供了配套的教学视频。读者可以从"泰迪杯"数据挖掘挑战赛网站免费下载本书配套的原始数据文件、ECharts 文件，也可登录人民邮电出版社教育社区下载（http://www.ryjiaoyu.com）。为方便教师授课，本书还提供了 PPT 课件、教学大纲、教学进度表和教案等教学资源，教师可扫码下载申请表，填写后发送至指定邮箱。同时欢迎教师加入 QQ 交流群"人邮大数据教师服务群"（669819871）进行交流探讨。

我们已经尽最大努力避免在文本和代码中出现错误，但是由于水平有限，编写时间仓促，书中难免出现一些疏漏和不足的地方。如果您有更多的宝贵意见，欢迎在泰迪学社微信公众号（TipDataMining）回复"图书反馈"进行反馈。更多本系列图书的信息可以在"泰迪杯"数据挖掘挑战赛网站查阅。

本书所有图表相关数据非真实统计数据，仅作为教学展示。

泰迪云课堂

"泰迪杯"数据挖掘
挑战赛网站

申请表下载

编 者
2023 年 5 月

CONTENTS 目录

第1章 数据可视化概述

随着移动互联网技术的发展，网络空间的数据量呈现出爆炸式增长的态势。如何从这些数据中快速获取自己想要的信息，并以一种直观、形象甚至交互的方式展现出来？这是数据可视化要解决的核心问题。从数字可视化到文本可视化，从折线图、条形图、饼图到文字云、地图，从数据可视化分析到可视化平台建设，数据可视化越来越成为企业核心竞争力的一个重要组成部分。ECharts 作为百度推出的一款十分流行的开源免费可视化工具，简单易学、功能强大、计算迅速。因此，本书主要基于 ECharts 介绍数据可视化技术。本章将主要介绍数据可视化的概念、ECharts 以及 Eclipse 开发者工具。

学习目标

（1）了解数据可视化的基本概念。

（2）熟悉数据可视化的基本流程。

（3）了解常用的数据可视化工具。

（4）了解 ECharts 发展历程和 ECharts 4.x 的特性。

（5）掌握 Eclipse 的下载和使用方法。

任务 1.1 认识数据可视化

任务描述

数据可视化的主旨是借助于图形化手段，清晰、有效地传达与沟通信息。通俗地理解，数据可视化就是将原本枯燥烦琐的数据，用更加生动形象且常人容易看懂的图形化方法表达出来。为了更深入地认识数据可视化，需要对数据可视化的定义、特性、主要表达内容、流程和工具等进行了解。

任务分析

（1）了解数据可视化的定义和特性。

（2）通过实例了解数据中蕴含的信息。

（3）分析数据可视化的作用。

（4）了解数据可视化的流程。

（5）了解数据可视化的常用工具。

1.1.1 了解数据可视化的定义及特性

数据可视化是一种将抽象、枯燥或难以理解的内容以可视的、交互的方式进行展示的技术，它能够借助于图形的方式更形象、直观地展示数据蕴含的事物原理、规律、逻辑。数据可视化是一门横跨计算机科学、统计学、心理学的综合学科，并将随着大数据和人工智能的兴起而进一步繁荣。

早期的数据可视化作为咨询机构、金融企业的专业工具，其应用领域较为单一，应用形态较为保守。当今，随着云计算和大数据时代的来临，各行各业对数据的重视程度与日俱增，随之而来的是对数据进行一站式整合、挖掘、分析，可视化的需求日益迫切，数据可视化呈现出愈加旺盛的生命力。视觉元素越来越多样是数据可视化发展的一种表现，从常用的柱状图、折线图、饼图，扩展到地图、气泡图、树图、仪表盘等各种图形。同时，可用的开发工具越来越丰富，从专业的数据库/财务软件，扩展到基于各类编程语言的可视化库，相应的应用门槛也越来越低。因此，目前的数据可视化工具必须具有以下特性。

（1）实时性：数据可视化工具必须适应大数据时代数据量的爆炸式增长需求，必须快速地收集、分析数据并对数据信息进行实时更新。

（2）操作简单：数据可视化工具应满足快速开发、易于操作的特性，能顺应互联网时代信息多变的特点。

（3）更丰富的展现：数据可视化工具需具有更丰富的展现方式，能充分满足数据展现的多维度要求。

（4）多种数据集成支持方式：由于数据的来源不仅仅局限于数据库，所以数据可视化工具应支持团队协作数据、数据仓库、文本等多种方式，并能够通过互联网进行展现。

1.1.2 了解数据中蕴含的信息

数据是现实生活的一种映射，其中隐藏着许多故事，这些故事有些非常简单直接，有些则颇为迂回费解，有些像教科书，有些则体裁新奇。数据的故事无处不在，涵盖了企业运营、新闻报道、人文艺术、政治经济、日常生活等方面。

从图 1-1 可以看出，从 2001 年至 2010 年，美国共发生了 363839 起致命的公路交通事故，这个总数代表着逝去的生命。将所有的注意力放在这个数字上，能引起人们进行深思与反省。

图 1-2 显示了每年发生的致命交通事故数，与图 1-1 不同的是，图 1-2 不是简单地展示一个总数，通过该图还可以看出，从 2006 年到 2010 年，致命交通事故数整体呈下降趋势。

图 1-1　2001—2010 年致命交通事故

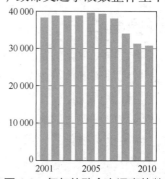

图 1-2　每年的致命交通事故数

图 1-3 显示了致命交通事故发生的季节性变化。在图 1-3 中，柱子代表月份，可以看出夏季是事故多发期，可能是因为此时外出旅游的人较多；而冬季事故少很多，可能是由于开车出门旅行的人相对较少。由图可知，每年的规律都是如此。同时，还可以看出 2006 年到 2010 年的事故数呈下降趋势。

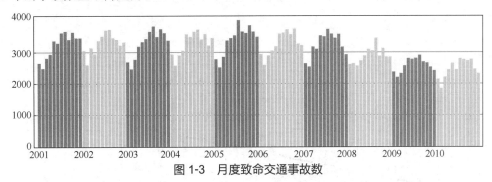

图 1-3　月度致命交通事故数

图 1-4 使用一条最为常用的线形图，描述了 2019 年春运期间部分时间内全国高速拥堵趋势。春节前 2 天（腊月二十九、三十），全国高速拥堵程度相对较低；春节返程期间，2 月 10 日（正月初六）为返程拥堵最高峰。

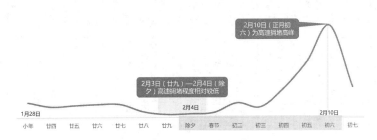

图 1-4　2019 年春运全国高速拥堵趋势

一般的故事都是过去已发生的，但是，在图 1-5 的双折线图中，显示的是将来的"故事"，即未来一周的气温变化情况。从图 1-5 可以看出，从周一到周四，最高气温将一直上升，到周四时最高气温将上升到 38℃，然后将又开始缓慢下降，到星期天将略有上升，最低气温也基本同步变化，在周二时将达到最低气温 9℃。

1.1.3　了解数据可视化的作用

通过数据可视化，人们可以从数据中寻找到什么呢？目前，数据可视化的作用可分为 3 个方面：模式、关系和发现异常。不管图形表现的是什么，这三者都是应该留心观察的。

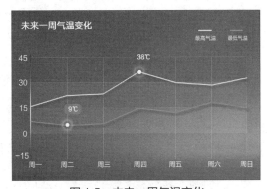

图 1-5　未来一周气温变化

1. 模式

模式是指数据中的某些规律。图 1-6 所示是从国家统计局得到的我国 1978 年到 2014 年年末总人口数的数据。将数据用柱状图展示，并拟合趋势线后，可以发现，从 1978 年到 2014 年，我国年末总人口数基本呈线性增长的态势，这个增长可以用 $y = 1158.8x + 97741$ 定量反映。

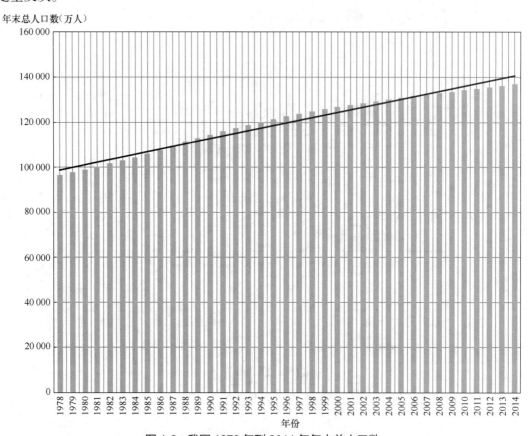

图 1-6　我国 1978 年到 2014 年年末总人口数

另外，从图 1-6 中还可以发现，实际人口数与拟合数据存在一定的关系。根据这种关系，可以将我国这些年的人口增长分为 3 个阶段：第 1 个阶段是 1978 年到 1987 年前后，这个时间段实际总人口的数量基本小于拟合数据，可以理解为实际人口数比拟合数据低；第 2 个阶段是 1987 年到 2007 年，这个阶段实际人口数量基本大于拟合数据；第 3 个阶段是 2008 年前后，实际人口数量又低于拟合数据。那么 1987 年前后和 2008 年前后，可以假定为异常点。这种人口数量的变化状态和异常点的出现，比较大的可能是与国家的人口政策有关。

例如，图 1-7 所示是我国 1978 年至 2014 年城乡总人口数的情况，图中有两个值得注意的时间点。1995 年之前，城镇人口和乡村人口都处于增长状态，但乡村人口增长的速度较慢；1995 年之后，乡村人口数量快速下降，而城镇人口数量快速上升。在 2010 年，城镇人口数（66 978 万人）和乡村人口数（67 113 万人）几乎相等；从 2011 年开始，我国城镇人口数量超过了乡村人口数量。这种人口数量的变化，对于我国的政治、经济、文化和社会的方方面面将产生深远的影响。

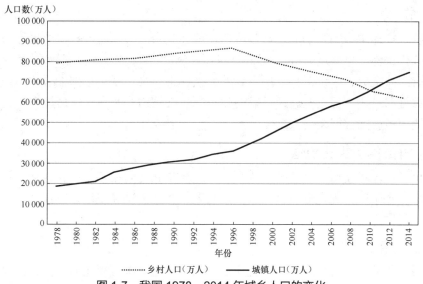

图 1-7　我国 1978—2014 年城乡人口的变化

2. 关系

关系是指各影响因素之间的相关性，也指各个图形之间的关联。在统计学中，它通常代表关联性和因果关系。多个变量之间应该存在着某种联系。例如，在散点图中，可以观察到两个坐标轴两个字段之间的相关关系是正相关还是负相关，或是不相关。如此，即可依次找到与因变量具有较强相关性的变量，从而确定主要的影响因素。图 1-8 使用散点图描述了男性与女性身高、体重的分布关系。从图中可以看出，身高与体重基本上呈正相关关系。

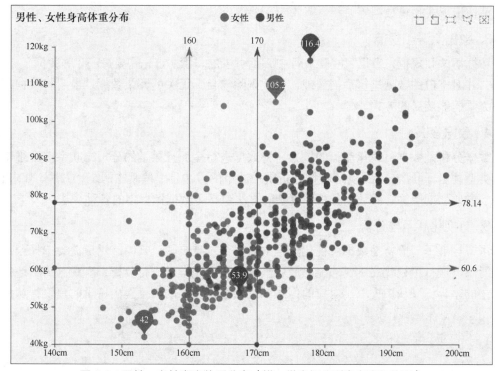

图 1-8　男性、女性身高体重分布（横、纵坐标分别为身高和体重）

3. 异常

异常值是指样本中的个别值，其数值明显偏离其余的观测值。异常值也称为离群点，异常值的分析也称为离群点分析。例如，某客户年龄为 222 岁，则该变量的取值存在异常。在用数据讲述故事时，应该对自己所看到的数据保持质疑态度。数据检验并不是数据制图过程中最关键的一步。但是，就像可靠的建筑师不会用劣质水泥建造房屋一样，在实际运用中也不能用劣质的数据绘制数据图。

1.1.4　了解数据可视化流程

数据可视化流程类似一个特殊的流水线，主要步骤之间相互作用、相互影响。数据可视化流程的基本步骤为确定分析目标、数据收集、数据清洗和规范、数据分析、可视化展示与分析，具体介绍如下。

1. 确定分析目标

根据现阶段的热点时事或社会较关注的现象，确定此次可视化的目标，并根据这个目标进行一些准备工作，如设计贴合目标的问卷。其中，准备工作中主要包括的内容有遇到了什么问题、要展示什么信息、最后想得出什么结论、验证什么假说等。数据承载的信息多种多样，不同的展示方式会使侧重点有天壤之别。只有想清楚以上问题，才能确定需要过滤什么数据、用什么算法处理数据、用什么视觉通道编码等。

2. 数据收集

依照第一步制订的目标收集数据。目前，数据收集的方式有很多种，如从公司内部获取历史数据、从数据网站中下载所需的数据、使用网络爬虫自动爬取数据、通过发放问卷与电话访谈形式收集数据等。

3. 数据清洗和规范

数据清洗和规范是数据可视化流程中必不可少的步骤。首先需要过滤"脏数据"、敏感数据，并对空白的数据进行适当处理，其次剔除与目标无关的冗余数据，最后将数据结构调整为系统能接受的方式。

4. 数据分析

数据分析是数据可视化流程的核心，将数据进行全面且科学的分析，联系多个维度，根据类型确定不同的分析思路。数据分析中最简单的方法是一些基本的统计方法，如求和、中值、方差、期望等，而数据分析中复杂的方法包括了数据挖掘中的各种算法。

5. 可视化展示与分析

可视化展示与分析是数据可视化流程中的一个重点步骤。其中，用户需要选择合适的图表对数据进行可视化展示，才能对最后呈现的可视化结果进行分析，直观、清晰地发现数据中的差异，并从中提取出对应的信息，最终根据获取的信息提出科学的建议，从而帮助公司运营。

1.1.5 了解常用的数据可视化工具

工欲善其事，必先利其器。一款好的工具可以让工作事半功倍、如虎添翼，尤其是在大数据时代，更需要强有力的工具来实现数据可视化。数据可视化工具发展得相当成熟，已产生了成百上千种数据可视化工具。其中，许多工具是开源的，能够共同使用或嵌入已经设计好的应用程序，并具有数据可交互性。

目前常用的数据可视化工具如表 1-1 所示。

表 1-1　常用数据可视化工具软件

序号	名称	软件成本	技能要求
1	ECharts	开源免费	编程
2	Matlab	商业收费	编程
3	Python	开源免费	编程
4	R 语言	开源免费	编程
5	D3	开源免费	编程
6	Highcharts	开源免费	编程
7	FusionCharts	开源免费	编程
8	Google Charts	开源免费	编程
9	Processing.js	开源免费	编程

1. ECharts

ECharts 为百度出品的一个开源的交互式可视化库，其使用 JavaScript 进行实现，并可以流畅地运行在 PC 和移动设备上，同时兼容当前绝大部分浏览器。此外，ECharts 底层依赖轻量级的矢量图形库 ZRender，可提供直观、交互丰富、高度个性化定制的数据可视化图表。ECharts 是本书将重点介绍的内容，1.2 节将对其进行详细的介绍。

2. Matlab

Matlab 作为科学计算与数据可视化的利器，拥有着强大的数值计算功能和数据可视化能力。在现实生活中，抽象的数据往往晦涩难懂，但是 Matlab 通过图形编辑窗口和绘图函数能方便地绘制二维、三维甚至多维图形，可以实现将杂乱离散的数据以形象的图形显示出来，并有助于了解数据的性质和内存联系。图 1-9 所示为使用 Matlab 绘制的饼图。

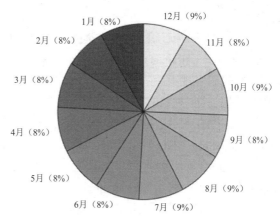

图 1-9　使用 Matlab 绘制的饼图

3. Python

Python 是一种面向对象的解释型计算机程序设计语言，为大数据与人工智能时代的首选语言。Python 具有简洁、易学、免费、开源、可移植、面向对象、可扩展等特性，因此也常被称为胶水语言。PYPL（Popularity of Programming Language）根据 Google 上的搜索频率进行统计，Python 语言在 2019 年已经连续几个月排名第一。在 2019 年 5 月的榜单中，Python 更是以绝对优势遥遥领先，这与 Python 语言的特性有关。Python 不仅具有丰富和强大的库，而且应用场景非常广泛。从科学计算、自动化测试、系统运维、云计算、大数据、系统编程，到数据分析、数据可视化、网络爬虫、Web 开发、人工智能、工程和金融领域，Python 都有较广泛的应用。此外，对于数据可视化编程，Python 语言有一系列的数据可视化包（Packages），包括 Matplotlib、pandas、seaborn、ggplot、Plotly、Plotly Express、Bokeh、Pygal 等。图 1-10 所示为使用 Python 绘制的火柴杆图。

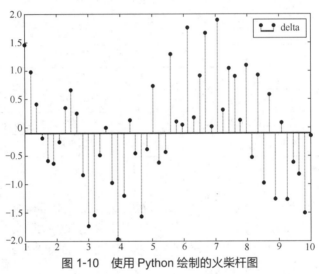

图 1-10　使用 Python 绘制的火柴杆图

4. R 语言

R 语言是一种优秀的、具有很强数据可视化功能的语言，不仅开源、免费，而且可在 UNIX、Windows 和 macOS 上运行，R 语言设计的目的是用于统计计算和统计制图。R 语言是完全靠代码实现绘图的，但是 R 语言一般用于绘制静态的统计报告，比较适合数据探索和数据挖掘，同时 R 语言能够利用一些程序包绘制交互性图表。

R 语言拥有大量数据可视化包，如 ggplot2、gridExtra、lattice、plotly、recharts、highcharter、rCharts、Leaflet、RGL 等。其中，ggplot2 是 R 语言中功能最为强大、最受欢迎的绘图工具包；lattice 适合入门级选手，作图速度较快，能进行三维绘图；gridExtra 能将 ggplot2 作出来的几张图拼成一张大图；而 plotly、recharts、highcharter、rCharts、Leaflet 则擅长绘制交互图表；RGL 则是绘制三维图形的利器。

图 1-11 展示了地理学家 James Cheshire 博士和设计师 Oliver Uberti 绘制的英格兰南部通勤者起讫点流，使用 R 语言中数据可视化包 ggplot2 中的 geom_segment() 命令，绘制出了起讫点重心间纤细透明的白色线条。

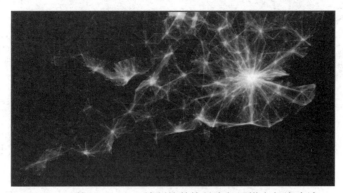

图 1-11 使用 ggplot2 绘制的英格兰南部通勤者起讫点流

5. D3

D3（Data-Driven Documents）是一个被数据驱动的文档。简而言之，D3 是一个 JavaScript 的函数库，主要用于进行数据可视化。由于 JavaScript 文件的后缀名通常为.js，所以 D3 也常使用 D3.js 来称呼。D3 是目前最受欢迎的可视化 JS 库之一，允许绑定任意数据到 DOM，并将数据驱动转换应用到 Document 中，使用它也可以通过一个数组创建基本的 HTML 表格，或利用它的流体过渡和交互，将相似的数据创建为惊人的 SVG 图。D3 兼容大多数浏览器，同时避免对特定框架的依赖。

D3 虽然并不是对用户最友好的工具，但它在 JavaScript 绘图界的重要性不可小觑。D3 支持标准的 Web 技术（HTML、SVG 和 CSS），并且有着海量的用户贡献内容来弥补它缺乏自定义内容的缺陷。因此，D3 更适合在互联网上互动地展示数据。图 1-12 是使用 D3 技术所绘的图形。

6. Highcharts

Highcharts 是一个使用纯 JavaScript 编写的图表库，能够简单便捷地在 Web 网站或 Web 应用程序中添加有交互性的图表。Highcharts 不仅免费提供给个人、个人网站并可供非商业用途使用，而且支持的常见图表类型多达 20 种，其中很多图表可以集成在同一个图形中形成混合图。Highcharts 的主要优势如下。

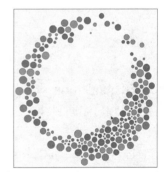

图 1-12 使用 D3 技术所绘的图形

（1）兼容性好：Highcharts 可以在所有的移动设备及计算机的浏览器中使用，包括 iPhone、iPad 和 IE6 以上的版本；在 iOS 和 Android 系统中，Highcharts 支持多点触摸功能，因而可以提供极致的用户体验。在现代的浏览器中，使用 SVG 技术进行图形绘制；在低版本 IE 浏览器中，则使用 VML 进行图形绘制。

（2）非商业使用免费：Highcharts 可以在个人网站、学校网站和非营利机构中使用。

（3）开源：Highcharts 最重要的特点之一就是无论是免费版还是付费版，用户都可以下载源码并对其进行编辑。

（4）纯 JavaScript：Highcharts 完全基于 HTML5 技术，不需要在客户端安装任何插件，如 Flash 或 Java。此外用户也不用配置任何服务端环境，只需要两个 JS 文件即可运行。

（5）配置语法简单：在 Highcharts 中设置配置选项不需要任何高级的编程技术，所有的配置都是 JSON 对象，只包含用冒号连接的键值对，用逗号进行分割，用括号进行对象包裹。此外，JSON 具有易于阅读编写、易于机器解析与生成的特点。

（6）具有动态交互性：Highcharts 具有丰富的交互性，在图表创建完毕后，可以用丰富的 API 进行添加、移除或修改数据列、数据点、坐标轴等操作。同时，结合 jQuery 的 ajax 功能，Highcharts 可以实现实时刷新数据、用户手动修改数据等功能。此外，结合事件处理，Highcharts 可以实现各种交互功能。

由于具有以上优势，Highcharts 已经被成千上万的开发者使用。图 1-13 所示为使用 Highcharts 绘制的复杂条形图。

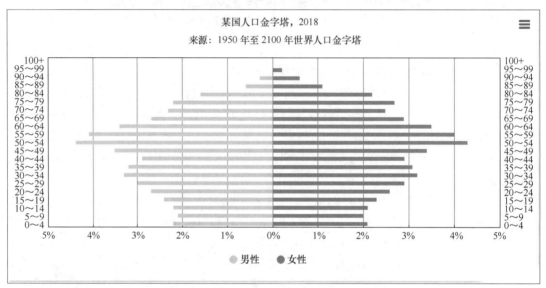

图 1-13　使用 Highcharts 绘制的复杂条形图

7. FusionCharts

FusionCharts 是 Flash 图形方案供应商 InfoSoft Global 公司的一个跨平台、跨浏览器的图表组件解决方案，它可用于任何网页的脚本语言，如 HTML、NET、ASP、JSP、PHP 和 ColdFusion 等。FusionCharts 不仅具有互动性并提供强大的图表，而且支持 JavaScript、jQuery、Angular 等一系列高人气的库和框架。用户在使用 FusionCharts 时，不需要知道任何 Flash 的知识，只需要了解所用的编程语言即可完成图形的绘制。FusionCharts 功能十分强大，它内置 100 多种图表、超过 1400 种地图和 20 多种商业仪表盘，并在全世界 117 个国家中拥有 27000 多个用户，如 Microsoft、Google 和 IBM 等公司都在使用 FusionCharts，这也说明 FusionCharts 是一个能满足企业级拓展性需求的工具。图 1-14 所示为使用 FusionCharts 绘制的折线图和堆积图。

8. Google Charts

谷歌浏览器是当前最流行的浏览器之一，而 Google Charts（谷歌图表）也是大数据可视化的最佳解决方案之一。Google Charts 不仅实现了完全开源和免费，而且得到了 Google 公司的大力技术支持，因为通过 Google Charts 分析的数据要用于训练 Google 研发的 AI，这样的合作是双赢的。

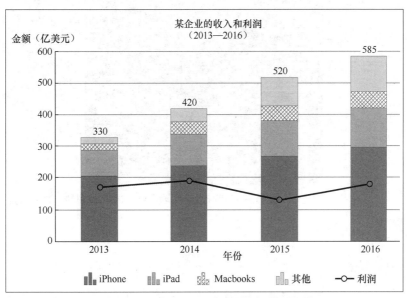

图 1-14　使用 FusionCharts 绘制的折线图和堆积图

Google Charts 提供了大量的可视化类型，包括简单的饼图、时间序列和多维交互矩阵。此外，可供调整的图表选项很多。如果需要对图表进行深度定制，那么可以参考详细的帮助部分。图 1-15 所示为使用 Google Charts 绘制的简单仪表盘（Gauge）。

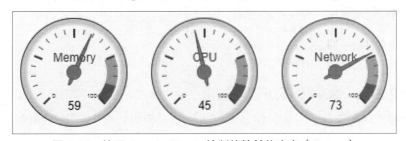

图 1-15　使用 Google Charts 绘制的简单仪表盘（Gauge）

9. Processing.js

Processing 语言 2001 年诞生于麻省理工学院（MIT）的媒体实验室，主创者为 Ben Fry 和 Casey Reas。Processing 可以认为是一种被简化了的 Java，并且是用于绘画和绘图的 API，它擅长创建 2D 与 3D 图像、可视化数据套件、音频、视频等。Processing 拥有轻量级的编程环境，只需几行代码就能创建出带有动画和交互功能的图形，因此很好上手。Processing 偏重于视觉思维的创造性，虽然一开始主要是设计师和艺术家在使用 Processing，但如今它的受众群体已经越来越多样化了。无论如何，对于新手而言，Processing 是个很好的起点，即使是毫无经验的用户也能够做出有价值的东西。

Processing.js 是 Processing 的姐妹篇，创建的初衷是能够让 Processing 代码（通常是指 sketches）不用修改即可在 Web 端运行，即使用 Processing.js 编写 Processing 代码，然后通过 Processing.js 将 Processing 代码转换成 JavaScript 后运行。图 1-16 所示为使用 Processing.js 绘制的清晰、漂亮的动画。

图 1-16　使用 Processing.js 绘制的清晰、漂亮的动画

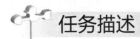 任务 **1.2**　认识 ECharts

任务描述

　　ECharts 作为国内可视化生态领域的领军者，不仅免费、开源，而且在高度个性化和交互能力等方面为业界领先，并在拖拽重计算、大规模散点图方面获得了国家专利。此外，EChart 还拥有数据视图、值域漫游、子地图模式等独有的功能。下面将深入介绍 ECharts 的发展历程、应用和特性等。

任务分析

　　（1）了解 ECharts 的发展历程及应用。
　　（2）了解 ECharts 4.x 的特性。

1.2.1　了解 ECharts 的发展历程及应用

　　目前，诸如百度迁徙、百度司南、百度大数据预测等百度大数据产品的数据可视化均是通过 ECharts 实现的。

　　ECharts（Enterprise Charts）为商业级数据图表，是百度旗下的一款开源、免费的可视化图表工具，它是纯 JavaScript 的图表库，可以流畅地运行在 PC 和移动设备上。ECharts 不仅兼容当前绝大部分浏览器（如 Chrome、IE6/7/8/9/10/11、Firefox、Safari 等），而且底层依赖轻量级的 Canvas 类库 ZRender，提供了直观、生动、可交互、可高度个性化定制的数据可视化图表。此外，ECharts 创新的拖拽重计算、数据视图、值域漫游等特性大大增强了用户体验，赋予了用户对数据进行挖掘、整合的能力。

　　ECharts 是一个正在打造拥有互动图形用户界面的数据可视化工具，是一个深度数据互动可视化的工具。ECharts 的目标是在大数据时代重新定义数据图表。

　　ECharts 自 2013 年 6 月 30 日发布 1.0 版本以来，已有 73 个子版本的更新，平均每个月至少有 1 个子版本的更新。2018 年 1 月 16 日，全球著名开源社区 Apache 基金会宣布"百度开源的 ECharts 项目全票通过进入 Apache 孵化器"。这是百度第一个进入国际顶级开源社区的项目，标志着百度开源正式进入开源发展的快车道。目前，ECharts 在 GitHub 上拥有

2.5 万的关注量和 2000 多个相关项目，并在大量社区的反馈和贡献下不断地迭代进化。
ECharts 的重大版本更新如下。

（1）2013 年 6 月 30 日，ECharts 正式发布 1.0 版本。

（2）2014 年 6 月 30 日，ECharts 发布 2.0 版本。

（3）2016 年 1 月 12 日，ECharts 发布 3.0 版本。

（4）2018 年 1 月 16 日，ECharts 发布 4.0 版本。

本书使用的 ECharts 版本是 4.8 版本。

ECharts 成为 Apache 孵化器项目之前，已经是国内可视化生态领域的领军者，近年连续被开源中国评选为"年度最受欢迎的中国开源软件"，并广泛应用于各行业企业、事业单位和科研院所。目前，在百度内部，ECharts 不仅支撑起百度多个核心商业业务系统的数据可视化需求（如凤巢、广告管家、鸿媒体、一站式、百度推广开发者中心、知心业务系统等），而且服务多个后台运维及监控系统（如百度站长平台、百度推广用户体验中心、指挥官、无线访问速度质量监控、凤巢代码质量统计报告等）。ECharts 还满足了各行各业的数据可视化需求，包含报表系统、运维系统、网站展示、营销展示、企业品牌宣传、运营收入的汇报分析等方面，涉及金融、教育、医疗、物流、气候监测等众多行业领域，其中甚至包括阿里巴巴、腾讯、华为、联想、小米、国家电网、中国石化、格力电器等公司及单位。

1.2.2　了解 ECharts 4.x 的特性

ECharts 作为国内可视化生态领域的领军者，其版本不断更新，功能不断完善，并提供直观、交互丰富、可高度个性化定制的数据可视化图表，从而广泛地被各行业企业、事业单位和科研院所应用。ECharts 的特性具体如下。

1. 丰富的可视化类型

ECharts 提供了常规的折线图、柱状图、散点图、饼图、K 线图、用于统计的盒形图，用于地理数据可视化的地图、热力图、线图，用于关系数据可视化的关系图、矩形树图、旭日图，多维数据可视化的平行坐标，还有用于 BI 的漏斗图、仪表盘，并且支持图与图之间的混搭。

除了已经内置的丰富功能的图表，ECharts 还提供了自定义系列，只需要传入一个 renderItem 函数，即可设计出符合自身需求的图形。更棒的是，自定义系列的图形还能和已有的交互组件结合使用。

用户可以在下载界面下载包含所有图表的构建文件，如果只需要其中一两个图表，又觉得包含所有图表的构建文件太大，那么也可以在在线构建中选择需要的图表类型后自定义构建。

2. 多种数据格式无须转换直接使用

ECharts 内置的 dataset 属性（4.0+）支持直接传入包括二维表、key-value 等多种格式的数据源，通过简单地设置 encode 属性即可完成从数据到图形的映射。这种方式更符合可视化的直觉，省去了大部分场景下数据转换的步骤，而且多个组件之间能够共享一份数据而不用复制。

为了配合大数据量的展现，ECharts 还支持输入 TypedArray 格式的数据。TypedArray 在大数据量的存储中可以占用更少的内存，对 GC 友好等特性也可以大幅度提升可视化应用的性能。

3．千万数据的前端展现

通过增量渲染技术（4.0+），配合各种细致的优化，ECharts 能够展现千万级的数据量，并且在这个数据量级依然能够进行流畅的缩放平移等交互。

几千万的地理坐标数据即使使用二进制存储也需要占用数百 MB 的空间。因此 ECharts 同时提供了对流加载（4.0+）的支持，用户可以使用 WebSocket 或对数据进行分块后加载，加载多少就会渲染多少，不需要漫长地等待所有数据加载完再进行绘制。图 1-17 所示为 ECharts 千万级数据的前端展现效果图。

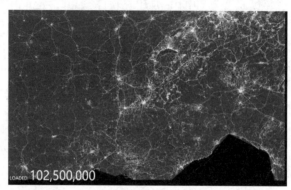

图 1-17　ECharts 千万级数据的前端展现效果图

4．移动端优化

ECharts 针对移动端交互做了细致的优化，如：移动端小屏上可以用手指在坐标系中进行缩放、平移；PC 端上可以用鼠标在图中进行缩放、平移等。

细粒度的模块化和打包机制可以让 ECharts 在移动端也拥有很小的体积，可选的 SVG 渲染模块让移动端的内存占用不再捉襟见肘。图 1-18 所示为 ECharts 移动端优化效果图。

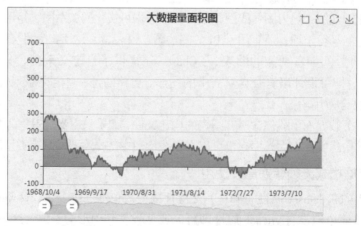

图 1-18　ECharts 移动端优化效果图

5．多渲染方案，跨平台使用

ECharts 支持以 Canvas、SVG（4.0+）、VML 的形式渲染图表。VML 可以兼容低版本 IE 浏览器，SVG 使移动端不再为内存担忧，Canvas 可以轻松应对大数据量和特效的展现。不同的渲染方式为用户提供了更多选择，使得 ECharts 在各种场景下都有好的表现。

　　除了 PC 端和移动端的浏览器，ECharts 还能在 node 上配合 node-canvas 进行高效的服务端渲染（SSR）。从 4.0 版本开始，ECharts 还和微信小程序的团队合作，提供了 ECharts 对小程序的适配。

　　社区的热心贡献者也提供了丰富的其他语言扩展，如 Python 语言的 pyecharts、R 语言的 recharts、Julia 语言的 ECharts.jl 等。

6. 深度的交互式数据探索

　　交互是从数据中发掘信息的重要手段。"总览为先，缩放过滤按需查看细节"是数据可视化交互的基本需求。

　　ECharts 一直在交互的路上前进，提供了图例、视觉映射、数据区域缩放、Tooltip、数据筛选等开箱即用的交互组件，可以对数据进行多维度数据筛选、视图缩放、细节展示等交互操作。图 1-19 显示了 ECharts 的交互组件效果。

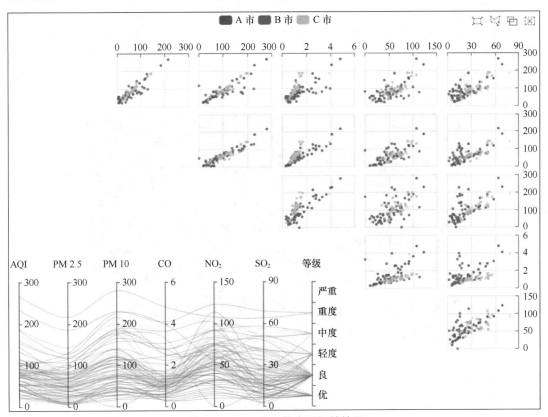

图 1-19　ECharts 的交互组件效果

7. 多维数据的支持以及丰富的视觉编码手段

　　ECharts 从 3.0 开始加强了对多维数据的支持，除了支持平行坐标等常见的多维数据，也支持多个维度的传统的散点图。配合视觉映射组件 visualMap 提供的丰富的视觉编码，能够将不同维度的数据映射到颜色、大小、透明度、明暗度等不同的视觉通道。图 1-20 体现出 ECharts 的多维数据支持。

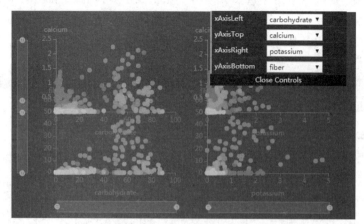

图 1-20 ECharts 的多维数据支持

8. 动态数据

ECharts 由数据驱动，数据的改变驱动图表展现的改变，因此动态数据的实现也变得异常简单，只需要获取数据，填入数据。ECharts 会找到两组数据之间的差异，并通过合适的动画表现数据的变化，配合 timeline 组件，能够在更高的时间维度上表现数据的信息。图 1-21 所示为 ECharts 的动态数据展现。

图 1-21 ECharts 的动态数据展现

9. 绚丽的特效

ECharts 针对线数据、点数据等地理数据的可视化提供了吸引眼球的特效。图 1-22 所示为 ECharts 绚丽的特效展现。

10. 通过 GL 实现更多、更强大、更绚丽的三维可视化

ECharts 提供了基于 WebGL 的 ECharts GL，用户可以像使用 ECharts 普通组件一样轻松地使用 ECharts GL 绘制出三维的地球、建筑群、人口分布的柱状图。在这个基础上，ECharts 还提供了不同层级的画面配置项，几行配置即可得到艺术化的画面。图 1-23 所示为 ECharts 绚丽的三维可视化展现。

图 1-22　ECharts 绚丽的特效展现

图 1-23　ECharts 绚丽的三维可视化展现

11. 无障碍访问（4.0+）

W3C 制定了无障碍富互联网应用规范集（WAI-ARIA，the Accessible Rich Internet Applications Suite），致力于使得网络内容和网络应用能够被更多残障人士访问。

ECharts 4.0 遵从这一规范，支持自动根据图表配置项智能生成描述，使得盲人也可以在朗读设备的帮助下了解图表内容，让图表可以被更多人访问。

任务 1.3　认识开发者工具

任务描述

开发者工具是一种辅助编程开发人员进行开发工作的应用软件，在开发工作内部即可辅助编写代码，并管理代码的效率。开发过程中少不了开发者工具，为了更好地进行编程学习，需要完成开源免费的开发者工具 Eclipse 的下载和使用。

任务分析

（1）下载开发者工具 Eclipse。

（2）启动 Eclipse，进入 Eclipse 的使用界面。

1.3.1 下载 Eclipse

为了提升开发效率，需要一些开发工具的帮助，以更高效地进行代码编程。此处选择一款免费开源的 Eclipse 软件进行下载安装并使用，界面如图 1-24 所示。

图 1-24 Eclipse 软件下载界面

打开页面后，可以看到页面有不同版本的 Eclipse IDE。由于本书的学习内容主要由 Web 构成，所以在此处下载 Eclipse IDE for Enterprise Java Developers(includes Incubating components)工具。

下载 Eclipse 时需要注意开发环境与下载软件的版本保持一致，在"我的电脑"图标上右键单击并选择"属性"选项即可打开系统面板查看本机的系统属性，如图 1-25 所示。

图 1-25 查看系统属性

从图 1-25 中可以看出，当前的操作系统为 Windows 10，系统类型为 64 位操作系统，所以软件版本选择 64 bit（位）的软件进行下载。如图 1-26 所示，单击框选内容进行资源下载。

图 1-26　选择软件版本进行下载

　　下载后的软件为 eclipse-jee-2020-06-R-win32-x86_64.zip，该软件为压缩包，无需安装，只要解压到计算机指定文件夹下即可使用（注意文件目录避免使用中文命名）。Eclipse IDE 软件的文件目录如图 1-27 所示。

图 1-27　Eclipse IDE 软件的文件目录

1.3.2　使用 Eclipse

　　解压 1.3.1 小节中所下载的 Eclipse 软件，得到的解压目录如图 1-28 所示。此时，双击图 1-28 中的 eclipse.exe 即可启动软件。用户需要注意的是，在启动 Eclipse 软件之前需要成功安装 JDK，否则将无法启动成功。

名称	修改日期	类型	大小
configuration	2020/6/16 15:34	文件夹	
dropins	2020/3/13 8:52	文件夹	
features	2020/3/13 8:51	文件夹	
p2	2020/6/17 9:47	文件夹	
plugins	2020/3/13 8:51	文件夹	
readme	2020/3/13 8:52	文件夹	
.eclipseproduct	2019/12/18 18:11	ECLIPSEPRODUC...	1 KB
artifacts.xml	2020/3/13 8:51	XML 文档	281 KB
eclipse.exe	2020/3/13 8:55	应用程序	416 KB
eclipse.ini	2020/3/13 8:52	配置设置	1 KB
eclipsec.exe	2020/3/13 8:55	应用程序	128 KB

图 1-28　解压目录

Eclipse 软件启动后的界面如图 1-29 所示。

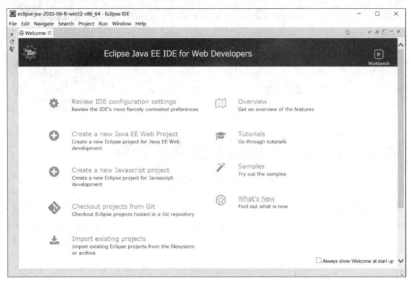

图 1-29　Eclipse 软件启动后的界面

在图 1-29 中，可以看到 Welcome 页面中的一些 Eclipse 常用功能。此时，可以在此界面中进行代码编写。

小结

本章根据目前数据可视化发展现状，首先介绍了数据可视化的概念，并通过列举数据可视化的一些应用场景，让读者初步了解了数据可视化在一些领域的应用；其次介绍了数据可视化的流程和常见的数据可视化工具；然后重点介绍了数据可视化工具 ECharts 的发展历程、使用场景和 ECharts 4.x 的特性；此外，还介绍了开发者工具 Eclipse 的下载和使用。

第 ② 章 ECharts 常用图表

ECharts 作为一个开源免费的可视化工具深受人们的喜爱。ECharts 可以绘制大量的图表类型，其中最常见的为柱状图、折线图和饼图。本章将主要介绍如何快速上手一个实例，以及绘制柱状图、折线图和饼图的方法。

学习目标

（1）掌握创建 ECharts 图表的方法。
（2）掌握 ECharts 中柱状图的绘制方法。
（3）掌握 ECharts 中折线图的绘制方法。
（4）掌握 ECharts 中饼图的绘制方法。

任务 2.1 快速上手第一个 ECharts 实例

任务描述

在创建 ECharts 图表之前需要做好开发前的准备工作，如获取 ECharts、下载 Google 等高级浏览器、创建一个项目等。为方便查看商品的销量数据，需要从准备工作开始进行操作，最终创建 ECharts 柱状图。

任务分析

（1）获取 ECharts。
（2）下载 Google 等高级浏览器。
（3）创建一个项目。
（4）创建第一个 ECharts 图表。

2.1.1　开发前的准备工作

在创建一个 ECharts 图表之前，需要进行的开发前准备工作包括获取 ECharts、下载 Google 浏览器和创建项目，具体如下。

1. 获取 ECharts

获取 ECharts 有以下几种方法，可以根据情况进行选择。

（1）最直接的方法是在 ECharts 官网中挑选适合的版本进行下载，不同的打包下载应用于不同的开发者功能与体积的需求，也可以直接下载完整版本；对于开发环境，建议下载源代码版本，其包含了常见的错误提示和警告。

（2）由内容分发网络（Content Delivery Network，CDN）引入，可以在 cdnjs、npmcdn 或国内的 BootCDN 中找到 ECharts 的最新版本。这种方法的优点是无须下载文件，不必在本地电脑中保存 ECharts 库文件，直接通过网络引用即可。

（3）在 ECharts 的 GitHub 上下载最新的 Release 版本（发布版本），在解压后的文件夹里的 dist 目录下可以找到最新版本的 echarts 库。

2. 下载 Google 浏览器

在使用 ECharts 时，由于所创建的图表是一张张的网页，所以需要使用浏览器查看页面结果。用户可以在普通浏览器的搜索栏中输入"下载 Google 浏览器"并搜索，单击其中合适的下载链接。

在图 2-1 所示的 Google 浏览器官网下载界面中，单击"下载 Chrome"按钮；在弹出的"新建下载任务"对话框中单击下方的"下载"按钮。下载完成后，直接双击下载的可执行安装文件的图标，即可开始安装 Google 浏览器。

图 2-1　Google 浏览器官网下载界面

3. 创建项目

Eclipse、HBuilder、WebStorm、Visual Studio 等开发工具都可以用于创建项目，操作方法大同小异。创建项目的目的是为了方便管理文件，对于 ECharts 图表的创建，也可以不创建项目。创建项目的步骤如下（对于不同版本的 Eclipse，可能会有所差别）。

（1）新建项目。选择"File"菜单中的"Java Project"选项，打开"New Java Project"窗口，如图 2-2 所示。在"Project Name:"后的文本框中输入项目的名称，如此处输入"EChartsTest"，然后单击"Finish"按钮，即可完成项目的创建。

（2）创建文件夹。项目中一般有大量文件，为了方便管理，应该对各种不同文件分门别类保存。右键单击第（1）步新建的项目名"EChartsTest"，在弹出的快捷菜单中依次单击"New"→"Folder"选项，如图 2-3 所示；在弹出的"New Folder"窗口中输入文件夹名称，如"js"，然后单击"Finish"按钮，如图 2-4 所示。以同样的方法再创建其他文件夹，如"images""data""css"。

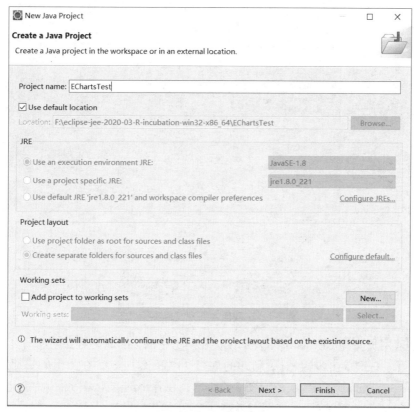

图 2-2　新建项目界面

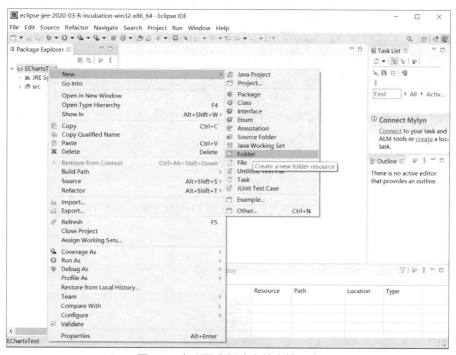

图 2-3　在项目中新建文件夹第一步

图 2-4　在项目中新建文件夹第二步

（3）创建网页文件。ECharts 图表是保存在网页中的，因此，需要创建网页文件来存放
ECharts 图表。右键单击步骤（1）新建的项目"EChartsTest"，在弹出的快捷菜单中依次
单击"New"→"Other..."选项，如图 2-5 所示；在弹出的"New"窗口中，选择"HTML
File"后再单击"Next"按钮，如图 2-6 所示；在弹出的"New HTML File"窗口中输入
HTML File 的名称，如"firstECharts.html"，再单击"Finish"按钮，如图 2-7 所示。

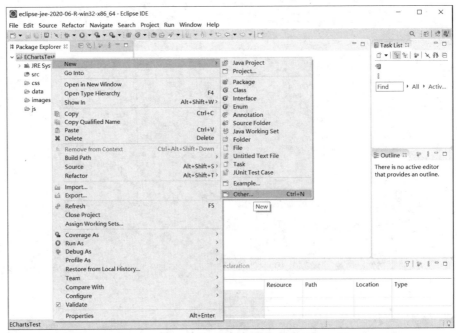

图 2-5　在文件夹 ch3 中新建网页文件第一步

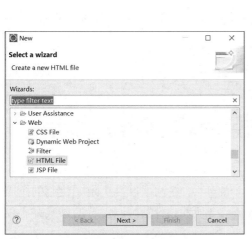

图 2-6　在文件夹 ch3 中新建网页文件第二步　　　图 2-7　在文件夹 ch3 中新建网页文件第三步

（4）查看项目的目录结构和网页初始内容。将下载的 echarts.js 等文件复制到 js 文件夹
中，并打开 firstECharts.html 文件，可以看到图 2-8 所示的界面。EChartsTest 项目下有 4 个
文件夹（css、data、images 和 js）和一个网页文件 firstECharts.html，js 文件夹下面又存放了
项目必需的 echarts.js 库文件。现在即可在这个 HTML 文件的基础上编写代码，开始创建
ECharts 图表。

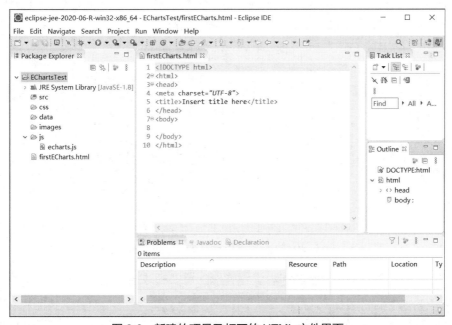

图 2-8　新建的项目及打开的 HTML 文件界面

2.1.2　创建第一个 ECharts 图表

获取 ECharts 库文件后，创建 ECharts 图表的步骤如下。

（1）在.html 文件中引入 echarts.js 库文件。ECharts 的引入方式像 JavaScript 库文件一样，使用 script 标签引入即可，如代码 2-1 所示。此处需要注意 echarts.js 库文件的存放路径，如果找不到存放路径，那么将无法显示图表。代码 2-1 中最下面两行代码通过 CDN 方式引入库文件，这种引入方式的好处是不需要下载 echarts.js 库文件，但是需要实时连接网络。

代码 2-1　引入 echarts.js 库文件

```
<!--引入 ECharts 脚本-->
<script src = "js/echarts.js"></script>
<!--通过 CDN 引入 echarts.js 文件 -->
<script src = "https://cdn.bootcss.com/echarts/4.8.0/echarts.js"></script>
```

（2）准备一个指定了大小的 div 容器，即具备 weight 和 height。ECharts 图形是基于 DOM 进行绘制的，所以在绘制图形前要先绘制一个 DOM 容器 div 来承载图形。在添加了 div 容器后，需要设置它的基本属性：宽（weight）与高（height）。这两个属性决定了绘制的图表大小。绘制一个 div 容器并设置容器的样式，如代码 2-2 所示，容器可以设置的样式并不仅限于宽与高，还可以设置其他属性，如定位等。

代码 2-2　绘制 div 容器并为容器设置样式

```
<body>
    <!---为 ECharts 准备一个指定了大小的 DOM->
    <div id = "main" style = "width: 600px; height: 400px"></div>
</body>
```

（3）使用 init()方法初始化容器。通过步骤（1）引入 echarts.js 库文件后，会自动创建一个全局变量 echarts。创建全局变量 echarts 有若干方法。基于准备好的 DOM，通过 echarts.init 方法可以初始化 ECharts 实例，如代码 2-3 所示。

代码 2-3　初始化容器

```
<body>
    <!---为 ECharts 准备一个指定了大小的 DOM->
    <div id = "main" style = "width: 600px; height: 400px"></div>
    <script>
        //基于准备好的 DOM, 初始化 ECharts 图表
        var myChart = echarts.init(document.getElementById("main"));
    </script>
</body>
```

（4）设置图形配置项和数据。option 的设置是 ECharts 中的重点和难点，option 的配置项参数等设置决定了绘制出的是什么样的图形。第 3 章将会对 option 的配置项参数进行详细的说明，此处通过配置 option 项绘制一个简单的柱状图，如代码 2-4 所示。

代码 2-4　设置图形配置项和数据

```
<body>
    <!---为 ECharts 准备一个指定了大小的 DOM-->
    <div id = "main" style = "width: 600px; height: 400px"></div>
    <script type = "text/javascript">
    //基于准备好的 DOM, 初始化 ECharts 图表
```

```
var myChart = echarts.init(document.getElementById("main"));
//指定图表的配置项和数据
var option = {
        title: {  //配置标题组件，包含主标题和副标题
                text: '这里是绘制图表的标题',
                subtext: '这里是副标题'
        },
        tooltip: {},
        legend: {  //配置图例组件，一个 ECharts 图表中可以存在多个图例组件
                data: ['销量']
        },
        xAxis: {  //配置 x 轴坐标系
                data: ["衬衫","羊毛衫","雪纺衫","裤子","高跟鞋","袜子"]
        },
        yAxis: {},  //配置 y 轴坐标系
        series: [{  //配置数据系列，每个系列通过 type 控制该系列图表类型
                name: '销量',
                type: 'bar',  //柱状图
                data: [5, 20, 36, 10, 10, 20]
        }]
};
//使用刚指定的配置项和数据显示图表
myChart.setOption(option);
</script>
</body>
```

（5）使用指定的配置项和数据显示图表。在绘制 ECharts 图表的过程中，setOption 是执行绘制动作的方法，为初始化的 myChart 设置 option 进行图表绘制，如代码 2-5 所示。

代码 2-5　使用指定的配置项和数据显示图表

```
//使用指定的配置项和数据显示图表
myChart.setOption(option);
```

最后，简单图表绘制的完整代码如代码 2-6 所示。

代码 2-6　简单图表绘制的完整代码

```
<!DOCTYPE html>
<html>
<head>
    <meta charset="utf-8">
    <!--引入 ECharts 脚本-->
    <script src="js/echarts.js"></script>
```

```
</head>
<body>
    <!---为 ECharts 准备一个指定了大小的 DOM-->
    <div id="main" style="width: 600px; height: 400px"></div>
    <script type="text/javascript">
        //基于准备好的 DOM，初始化 ECharts 图表
        var myChart = echarts.init(document.getElementById("main"));
        //指定图表的配置项和数据
        var option = {
            title: {   //配置标题组件，包含主标题和副标题
                text: '这里是绘制图表的标题',
                subtext: '这里是副标题'
            },
            tooltip: {},
            legend: {   //配置图例组件，一个 ECharts 图表中可以存在多个图例组件
                data: ['销量']
            },
            xAxis: {   //配置 x 轴坐标系
                data: ["衬衫", "羊毛衫", "雪纺衫", "裤子", "高跟鞋", "袜子"]
            },
            yAxis: {},   //配置 y 轴坐标系
            series: [{   //配置系列列表，每个系列通过 type 控制该系列图表类型
                name: '销量',
                type: 'bar',   //设置柱状图
                data: [5, 20, 36, 10, 10, 20]
            }]
        };
        //使用刚指定的配置项和数据显示图表
        myChart.setOption(option);
    </script>
</body>
</html>
```

通过以上 5 个步骤，在网页中创建 ECharts 图表后，需要用网页打开。在 Eclipse 中右键单击需要打开的网页文件名，在弹出的快捷菜单中，依次单击"Open With"→"Web Browser"选项，即可在 Eclipse 内置的浏览器中打开该网页，也可以在计算机中双击要运行的网页文件，直接使用操作系统中默认的浏览器打开该网页。有时为了调试方便，还可以复制该网页文件的完整地址，将它粘贴到指定浏览器的地址栏中打开。

绘制完成后的图表如图 2-9 所示。

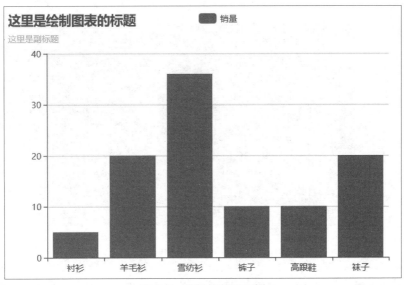

图 2-9　简单柱状图示例

任务 **2.2**　绘制柱状图

任务描述

　　柱状图（Bar）为常用的图表之一，由一系列长度不等的纵向或横向条纹来表示数据分布的情况，一般用横轴表示数据类型，纵轴表示分布情况。ECharts 提供了各种各样的柱状图。为了更直观地查看商品销售数据、广告类别数据、人口数据和生活消费数据，需要在 ECharts 中绘制不同的柱状图进行展示，如标准柱状图、堆积柱状图、条形图和瀑布图。

任务分析

　　（1）在 ECharts 中绘制标准柱状图。
　　（2）在 ECharts 中绘制堆积柱状图。
　　（3）在 ECharts 中绘制条形图。
　　（4）在 ECharts 中绘制瀑布图。

2.2.1　绘制标准柱状图

　　柱状图的核心思想是对比，常用于显示一段时间内的数据变化或显示各项之间的比较情况。柱状图的适用场合是二维数据集（每个数据点包括两个值 x 和 y），但只有一个维度需要比较。例如，年销售额就是二维数据，包括"年份""销售额"两个维度，但只需要比较"销售额"这一个维度。柱状图利用柱子的高度反映数据的差异。肉眼对高度差异很敏感，辨识效果非常好。

　　一般来说，柱状图的 x 轴是时间维，用户习惯性地认为存在时间趋势。如果遇到 x 轴不是时间维的情况，建议用不同的颜色区分每根柱子，改变用户对时间趋势的关注。柱状图的局限在于只适用于中小规模的数据集。

　　利用某商品一年的销量数据绘制标准柱状图，如图 2-10 所示。

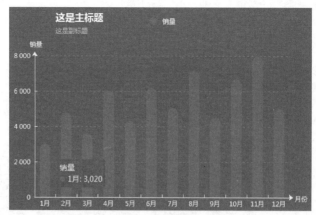

图 2-10　标准柱状图示例

对图 2-10 中的各种组件进行简单注解，如图 2-11 所示。一张图表一般包含用于显示数据的网格区域、x 坐标轴、y 坐标轴（包括坐标轴标签、坐标轴刻度、坐标轴名称、坐标轴分隔线、坐标轴箭头）、主/副标题、图例、数据标签等组件，这些组件都在图表中扮演着特定的角色，表达了特定的信息。但这些组件并不都是必备的，当信息足够清晰时，可以精简部分组件，使得图表更加简洁。第 3 章中将会对各种组件进行详细的介绍。

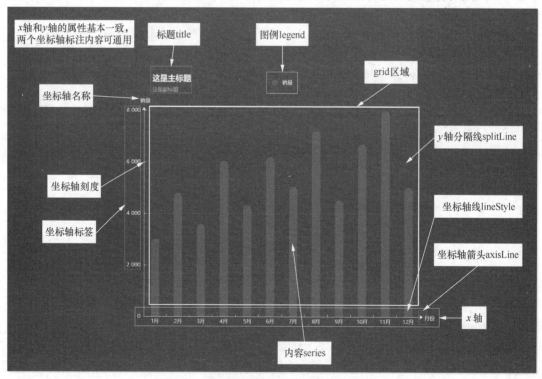

图 2-11　标准柱状图各组件属性含义示意图

在 ECharts 中实现图 2-10 所示的图形绘制，如代码 2-7 所示。

代码 2-7　标准柱状图关键代码

```
var option = {
    backgroundColor: '#2c343c',
    title: {   //配置标题组件，包含主标题和副标题
        text: '这是主标题',
        textStyle: {   //设置主标题样式
            color: '#fff'
        },
        subtext: '这是副标题',   //设置副标题样式
        subtextStyle: {
            color: '#bbb'
        },
        padding: [10, 0, 100, 100]   //设置标题位置，用 padding 属性来定位
    },
    legend: {   //配置图例组件
        type: 'plain',   //设置图例类型，默认为'plain'，当图例很多时可使用'scroll'
        top: '1%',   //设置图例相对容器位置，top\bottom\left\right
        selected: {
            '销量': true,   //设置图例是否显示，默认为 true
        },
        textStyle: {   //设置图例内容样式
            color: '#fff',   //设置所有图例的字体颜色
            backgroundColor: 'black',   //设置所有图例的字体背景色
        },
        tooltip: {   //设置图例提示框，默认不显示
            show: true,
            color: 'red',
        },
        data: [   //设置图例内容
            {
                name: '销量',
                icon: 'circle',   //设置图例的外框样式
                textStyle: {
                    color: '#fff',   //单独设置某一个图例的颜色
                    backgroundColor: 'black',   //单独设置某一个图例的字体背景色
                }
            }
        ],
    },
    tooltip: {   //配置提示框组件
```

```
        show: true,  //设置是否显示提示框，默认为 true
        trigger: 'item',  //设置数据项图形触发
        axisPointer: {  //设置指示样式
            type: 'shadow',
            axis: 'auto',
        },
        padding: 5,
        textStyle: {  //设置提示框内容样式
            color: "#fff",
        },
    },
    grid: {  //配置 grid 区域
        show: false,  //设置直角坐标系网格是否显示
        top: 80,  //设置相对位置，top\bottom\left\right
        containLabel: false,  //设置 grid 区域是否包含坐标轴的刻度标签
        tooltip: {  //鼠标焦点放在图形上产生的提示框
            show: true,
            trigger: 'item',  //设置触发类型
            textStyle: {
                color: '#fff666',  //设置提示框文字的颜色
            }
        }
    },
    xAxis: {  //配置 x 轴坐标系
        show: true,  //设置 x 轴坐标系是否显示
        position: 'bottom',  //设置 x 轴位置
        offset: 0,  //设置 x 轴相对于默认位置的偏移
        type: 'category',  //设置轴类型，默认为'category'
        name: '月份',  //设置轴名称
        nameLocation: 'end',  //设置轴名称相对位置
        nameTextStyle: {  //设置坐标轴名称样式
            color: "#fff",
            padding: [5, 0, 0, -5],
        },  //设置坐标轴名称相对位置
        nameGap: 15,  //设置坐标轴名称与轴线之间的距离
        nameRotate:270,  //设置坐标轴名字旋转
        axisLine: {  //设置坐标轴轴线
            show: true,  //设置坐标轴轴线是否显示
            symbol: ['none', 'arrow'],  //设置是否显示轴线箭头
            symbolSize: [8, 8],  //设置箭头大小
            symbolOffset: [0, 7],  //设置箭头位置
```

```
            lineStyle: {  //设置线
                color: '#fff',  //设置坐标轴轴线的颜色
                width: 1,  //设置坐标轴轴线的线宽
                type: 'solid',  //设置坐标轴轴线的线型
            },
        },
        axisTick: {  //设置坐标轴刻度
            show: true,  //设置坐标轴刻度是否显示
            inside: true,  //设置坐标轴刻度是否朝内
            length: 3,  //设置长度
            lineStyle: {
                color: 'yellow',  //设置坐标轴刻度的颜色，默认取轴线的颜色
                width: 1,  //设置坐标轴刻度的线宽
                type: 'solid',  //设置坐标轴刻度的线型
            },
        },
        axisLabel: {  //设置坐标轴标签
            show: true,  //设置坐标轴标签是否显示
            inside: false,  //设置坐标轴标签是否朝内
            rotate: 0,  //设置旋转角度
            margin: 5,
        },  //设置刻度标签与轴线之间的距离
        color:'red', },  //设置默认取轴线的颜色
        splitLine: {  //设置 grid 区域中的分隔线
            show: false,  //设置 grid 区域中的分隔线是否显示
            lineStyle: {
                color: 'red',
                width:1,
                type:'solid',
            },
        },
        splitArea: {  //设置网格区域
            show: false,
        },  //设置网格区域是否显示，默认为 false
        data: ["1月", "2月", "3月", "4月", "5月", "6月", "7月",
            "8月", "9月", "10月", "11月", "12月"]
    },
    yAxis: {  //配置 y 轴坐标系
        show: true,  //设置网格区域是否显示
        position: 'left',  //设置 y 轴位置
        offset: 0,  //设置 y 轴相对于默认位置的偏移
```

```
type: 'value',  //设置轴类型，默认为'category'
name: '销量',  //设置轴名称
nameLocation: 'end',  //设置轴名称相对位置 value
nameTextStyle: {  //设置坐标轴名称样式
    color: "#fff",
    padding: [5, 0, 0, 5],
},  //设置坐标轴名称相对位置
nameGap: 15,  //设置坐标轴名称与轴线之间的距离
nameRotate: 0,  //设置坐标轴名字旋转
axisLine: {  //设置坐标轴轴线
    show: true,  //设置坐标轴轴线是否显示
    //--------------------箭头-------------------------
    symbol: ['none', 'arrow'],  //设置是否显示轴线箭头
    symbolSize: [8, 8],  //设置箭头大小
    symbolOffset: [0, 7],  //设置箭头位置
    lineStyle: {  //设置线
        color: '#fff',
        width: 1,
        type: 'solid',
    },
},
axisTick: {  //设置坐标轴刻度
    show: true,  //设置坐标轴刻度是否显示
    inside: true,  //设置坐标轴刻度是否朝内
    length: 3,  //设置长度
    lineStyle: {
        //color:'red',  //设置默认取轴线的颜色
        width: 1,
        type: 'solid',
    },
},
axisLabel: {  //设置坐标轴标签
    show: true,  //设置坐标轴标签是否显示
    inside: false,  //设置坐标轴标签是否朝内
    rotate: 0,  //设置旋转角度
    margin: 8,  //设置刻度标签与轴线之间的距离
    color:'red',  //设置默认取轴线的颜色
},
splitLine: {  //设置 grid 区域中的分隔线
    show: true,  //设置 grid 区域中的分隔线是否显示
    lineStyle: {
```

```
                    color: '#666',
                    width: 1,
                    type: 'dashed',   //设置类型
                },
            },
            splitArea: {   //设置格区域
                show: false,   //设置格区域是否显示，默认为 false
            },
        },
        series: [{   //配置数据系列，每个系列通过 type 控制该系列图表类型
            name: '销量',   //设置系列名称
            type: 'bar',   //设置类型
            legendHoverLink: true,   //设置系列是否启用图例 hover 时的联动高亮
            label: {   //设置图形上的文本标签
                show: false,
                position: 'insideTop',   //设置相对位置
                rotate: 0,   //设置旋转角度
                color: '#eee',
            },
            itemStyle: {   //设置图形的形状
                color: 'blue',   //设置柱形的颜色
                barBorderRadius: [18, 18, 0, 0],
            },
            barWidth: '20',   //设置柱形的宽度
            barCategoryGap: '20%',   //设置柱形的间距
            data: [3020, 4800, 3600, 6050, 4320, 6200, 5050, 7200, 4521, 6700,
8000, 5020]
        }]
    };
```

2.2.2　绘制堆积柱状图

在堆积柱状图中，每一根柱子上的值分别代表不同的数据大小，各个分层的数据总和代表整根柱子的高度。堆积柱状图适合少量类别的对比，并且对比信息特别清晰。堆积柱状图显示单个项目与整体之间的关系，可以形象地展示一个大分类包含的每个小分类的数据，以及各个小分类的占比情况，使图表更加清晰。当需要直观地对比整体数据时，不适合用簇状柱状图而适合用堆积柱状图。

利用某广告一周内使用不同投放类型产生的观看量数据绘制堆积柱状图，如图 2-12 所示。

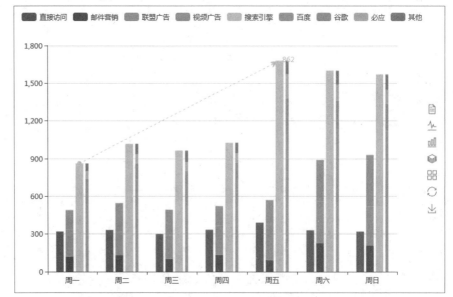

扫码看彩图

图 2-12　堆积柱状图示例

在图 2-12 中，每天的数据有 4 根柱子。其中，第 2 根柱子是堆叠的，由邮件营销、联盟广告、视频广告 3 种不同类型的广告组成，第 2 根柱子的长度代表这 3 种不同的广告的总和。第 4 根柱子也是堆叠的，由百度、谷歌、必应、其他 4 种不同类型的搜索引擎组成。第 3 根柱子则是第 4 根柱子中的 4 种搜索引擎的总和。

在 ECharts 中实现图 2-12 所示的图形绘制，如代码 2-8 所示。

代码 2-8　堆积柱状图关键代码

```
var option = {
    tooltip: {
        trigger: 'axis',
        axisPointer: {  //设置坐标轴指示器，坐标轴触发有效
            type: 'shadow'  //设置坐标轴默认为直线，可选为:'line'或'shadow'
        }
    },
    legend: {
        data: ['直接访问', '邮件营销', '联盟广告', '视频广告',
            '搜索引擎', '百度', '谷歌', '必应', '其他']
    },
    toolbox: {
        show: true,
        orient: 'vertical',
        x: 'right',
        y: 'center',
        feature: {
            mark: { show: true },
```

```
            dataView: { show: true, readOnly: false },
            magicType: { show: true, type: ['line', 'bar', 'stack', 'tiled'] },
            restore: { show: true },
            saveAsImage: { show: true }
        }
    },
    calculable: true,
    xAxis: [
        {
            type: 'category',
            data: ['周一', '周二', '周三', '周四', '周五', '周六', '周日']
        }
    ],
    yAxis: [
        {
            type: 'value'
        }
    ],
    series: [
        {
            name: '直接访问',
            type: 'bar',
            data: [320, 332, 301, 334, 390, 330, 320]
        },
        {
            name: '邮件营销',
            type: 'bar',
            stack: '广告',  //设置堆积效果
            data: [120, 132, 101, 134, 90, 230, 210]
        },
        {
            name: '联盟广告',
            type: 'bar',
            stack: '广告',  //设置堆积效果
            data: [220, 182, 191, 234, 290, 330, 310]
        },
        {
            name: '视频广告',
            type: 'bar',
            stack: '广告',  //设置堆积效果
            data: [150, 232, 201, 154, 190, 330, 410]
```

```
            },
            {
                name: '搜索引擎',
                type: 'bar',
                data: [862, 1018, 964, 1026, 1679, 1600, 1570],
                markLine: {
                    itemStyle: {
                        normal: {
                            lineStyle: {
                                type: 'dashed'
                            }
                        }
                    },
                    data: [
                        [{ type: 'min' }, { type: 'max' }]
                    ]
                }
            },
            {
                name: '百度',
                type: 'bar',
                barWidth: 5,
                stack: '搜索引擎',   //设置堆积效果
                data: [620, 732, 701, 734, 1090, 1130, 1120]
            },
            {
                name: '谷歌',
                type: 'bar',
                stack: '搜索引擎',   //设置堆积效果
                data: [120, 132, 101, 134, 290, 230, 220]
            },
            {
                name: '必应',
                type: 'bar',
                stack: '搜索引擎',   //设置堆积效果
                data: [60, 72, 71, 74, 190, 130, 110]
            },
            {
                name: '其他',
                type: 'bar',
                stack: '搜索引擎',   //设置堆积效果
```

```
            data: [62, 82, 91, 84, 109, 110, 120]
        }
    ]
};
```

在代码 2-8 中，最为重要的代码是每个数据中的 stack:'××'，其中的'××'是指同一数据系列的名称，不同的'××'会在不同的堆积柱中，相同的'××'才会在同一个堆积柱中。

2.2.3　绘制标准条形图

条形图又称横向柱状图。当维度分类较多，并且维度字段名称又较长时，不适合使用柱状图，应该将多指标柱状图更改为单指标的条形图，从而有效提高数据对比的清晰度。相对于柱状图，条形图的优势是：能够横向布局，方便展示较长的维度项名称。条形图的数值大小必须按照降序排列，以提升条形图的阅读体验。

利用 2011 年与 2012 年 A、B、C、D、E 这 5 个国家的人口数据，以及世界人口数据，绘制标准条形图，如图 2-13 所示。

在图 2-13 中，由上到下各个柱子依次表示 2011 年和 2012 年的世界人口、E 国人口、D 国人口、C 国人口、B 国人口和 A 国人口。由于柱子较多，所以适合使用条形图。

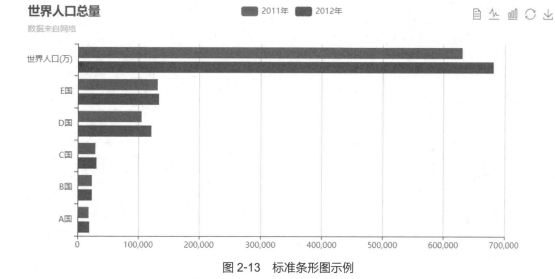

图 2-13　标准条形图示例

在 ECharts 中实现图 2-13 所示的图形绘制，如代码 2-9 所示。

代码 2-9　标准条形图关键代码

```
var option = {
    title: {
        text: '世界人口总量',
        subtext: '数据来自网络',
    },
    tooltip: {
        trigger: 'axis',
```

```
        },
    legend: {
        data: ['2011年', '2012年'],
    },
    toolbox: {
        show: true,
        feature: {
            mark: { show: true },
            dataView: { show: true, readOnly: false },
            magicType: { show: true, type: ['line', 'bar'] },
            restore: { show: true },
            saveAsImage: { show: true },
        },
    },
    calculable: true,
    xAxis: [
        {
            type: 'value',
            boundaryGap: [0, 0.01],
        },
    ],
    yAxis: [
        {
            type: 'category',
            data: ['A国', 'B国', 'C国', 'D国', 'E国', '世界人口（万）'],
        },
    ],
    series: [
        {
            name: '2011年',
            type: 'bar',
            data: [18203, 23489, 29034, 104970, 131744, 630230],
        },
        {
            name: '2012年',
            type: 'bar',
            data: [19325, 23438, 31000, 121594, 134141, 681807],
        },
    ],
};
```

2.2.4　绘制瀑布图

瀑布图其实是柱状图的一种特例。瀑布图的核心是按照维度/指标分解，如公司收入按用途分解、公司年利润按分公司分解、业绩按销售团队分解。相对于饼图，瀑布图的优势在于：分解项较多时，瀑布图通过数字的标记仍可清晰辨识，而饼图在分解项大于 5 时会不易辨别。

利用深圳月最低生活费组成数据绘制瀑布图，如图 2-14 所示。

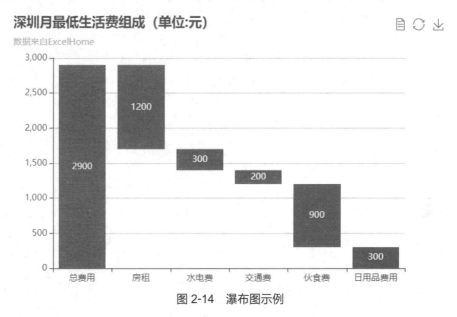

图 2-14　瀑布图示例

从图 2-14 中可以看出，从第二根柱子开始，每一根柱子首尾相接，好像银河直下的瀑布，因此可形象地称之为瀑布图。图 2-14 所示的瀑布图非常容易理解，房租、水电费、交通费、伙食费、日用品费用这 5 项费用相加即为总费用，构成了人们在深圳的月最低生活费用。

在 ECharts 中实现图 2-14 所示的图形绘制，如代码 2-10 所示。

代码 2-10　瀑布图的关键代码

```
var option = {
    title: {
        text: '深圳月最低生活费组成（单位:元）',
        subtext: '数据来自 ExcelHome',
    },
    tooltip: {
        trigger: 'axis',
        axisPointer: {  //设置坐标轴指示器，坐标轴触发有效
            type: 'shadow'  //默认为直线，可选为：'line'或'shadow'
        },
        formatter: function (params) {
```

```javascript
                var tar = params[0];
                return tar.name + '<br/>' + tar.seriesName + ' : ' + tar.value;
            }
        },
        toolbox: {
            show: true,
            feature: {
                mark: { show: true },
                dataView: { show: true, readOnly: false },
                restore: { show: true },
                saveAsImage: { show: true }
            }
        },
        xAxis: [
            {
                type: 'category',
                splitLine: { show: false },
                data: ['总费用', '房租', '水电费', '交通费', '伙食费', '日用品费用']
            }
        ],
        yAxis: [
            {
                type: 'value'
            }
        ],
        series: [
            {
                name: '辅助',
                type: 'bar',
                stack: '总量',
                itemStyle: {
                    normal: {   //设置正常情况下柱子的样式
                        barBorderColor: 'rgba(0,0,0,0)',  //设置柱子边框的颜色
                        barBorderColor:'rgba(20,20,0,0.5)',
                        barBorderWidth: 5,  //设置柱子边框的宽度
                        color: 'rgba(0,0,0,0)'  //设置柱子的颜色
                        color:'rgba(0,220,0,0.8)'
                    },
                    emphasis: {  //设置鼠标滑过时柱子的样式
                        barBorderColor: 'rgba(0,0,0,0)',  //设置鼠标滑动到柱子边框
的颜色
                        barBorderWidth: 25,  //设置鼠标滑动到柱子边框的宽度
```

```
                    color: 'rgba(0,0,0,0)'  //设置鼠标滑动到柱子的颜色
                }
            },
            data: [0, 1700, 1400, 1200, 300, 0]
        },
        {
            name: '生活费',
            type: 'bar',  //设置柱状图
            stack: '总量',  //设置堆积
            itemStyle: { normal: { label: { show: true, position:
 'inside' } } },
            data: [2900, 1200, 300, 200, 900, 300]
        }
    ]
};
```

从代码 2-10 中可以看出，绘制瀑布图与一般柱状图的代码差别不大，最为关键的代码是 itemStyle 代码块。itemStyle 代码块设置了柱子堆叠部分或堆叠部分边框的颜色，将每根柱子堆叠部分的颜色设置为透明色。如果需要将颜色设置成不透明，那么需要改变一下代码 "barBorderColor:'rgba (20,20,0,0.5)'" "color:'rgba (0,220,0,0.8)'"，得到的效果如图 2-15 所示。此时，已看不到瀑布的效果。

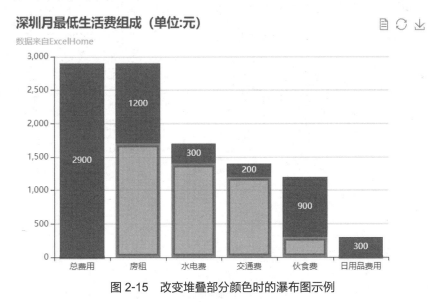

图 2-15　改变堆叠部分颜色时的瀑布图示例

由上面介绍的 4 种柱状图可知，柱状图擅长表达类目间的对比，其目的是将对比信息放大，直观呈现出来。柱状图一般不用时间维度的变化，也不适用于数据系列和点过多的数据。同时，在绘制过程中需要注意调节柱子间合理的宽度和间隙，并最好将柱子的高度按从小到大排序。

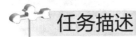 绘制折线图

任务描述

折线图（Line）也是最为常用的图表之一，其核心思想是趋势变化。折线图是点、线连在一起的图表，可反映事物的发展趋势和分布情况，适合在单个数据点不那么重要的情况下表现变化趋势、增长幅度。为了更直观地查看商品销售数据和名胜风景区的门票价格数据，需要在 ECharts 中绘制不同的折线图进行展示，如标准折线图、堆积面积图、堆积折线图和阶梯图。

任务分析

（1）在 ECharts 中绘制标准折线图。

（2）在 ECharts 中绘制堆积面积图。

（3）在 ECharts 中绘制堆积折线图。

（4）在 ECharts 中绘制阶梯图。

2.3.1 绘制标准折线图

标准折线图由 x 轴与 y 轴组成区域内的一些点、线，以及这些点、线或坐标轴的文字描述组成，常用于显示数据随时间或有序类别而变化的趋势，可以很好地表现出数据是递增还是递减、增减的速率、增减的规律（周期性、螺旋性等）、峰值等特征。在折线图中，通常沿横轴标记类别，沿纵轴标记数值。

利用某都市一周内的人流量统计数据绘制标准折线图，如图 2-16 所示。

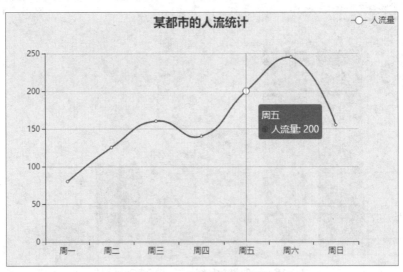

图 2-16　标准折线图示例

图 2-16 为标准的折线图，其中只包含一条折线、数据网格、标题、图例、x 轴、y 轴，图表非常简洁。

在 ECharts 中实现图 2-16 所示的图形绘制，如代码 2-11 所示。

代码 2-11　标准折线图的关键代码

```
var option = {
    backgroundColor: '#eee',
    title: { //配置标题组件
        text: "某都市的人流统计", //设置主标题
        textStyle: { //设置主标题文字样式
            color: 'red',
        },
        x: 'center'
    },
    tooltip: { //配置提示框组件
        trigger: 'axis'
    },
    legend: {
        data: ['人流量'],
        left: 'right'
    },
    xAxis: [ //配置 x 轴坐标系
        {
            type: 'category',
            data: ['周一', '周二', '周三', '周四', '周五', '周六', '周日']
        }
    ],
    yAxis: [ //配置 y 轴坐标系
        {
            type: 'value'
        }
    ],
    series: [ //配置数据系列
        {
            name: '人流量',
            type: 'line', //设置显示为折线
            data: [80, 125, 160, 140, 200, 245, 155],
            smooth: true
        },
    ]
};
```

代码 2-11 中已对代码做了相应的注释，第 3 章中将会详细介绍各组件，此处不再赘述。

2.3.2　绘制堆积面积图和堆积折线图

堆积折线图的作用是用于显示每一数据随时间或有序类别而变化的趋势，展示的是部分与整体的关系。

堆积面积图是在折线图中添加面积图，属于组合图形中的一种。堆积面积图又被称为堆积区域图，它强调数量随时间而变化的趋势，用于引起人们对总值趋势的注意。与堆积折线图不同，堆积面积图可以更好地显示有很多类别或数值近似的数据。

在 ECharts 中，实现堆积的重要参数为 stack。只要将 stack 的值设置为相同，两组就会堆积；相反，若将 stack 的值设置为不相同，则不会堆积。

利用某商城一周内电子产品的销量数据绘制堆积面积图，如图 2-17 所示。

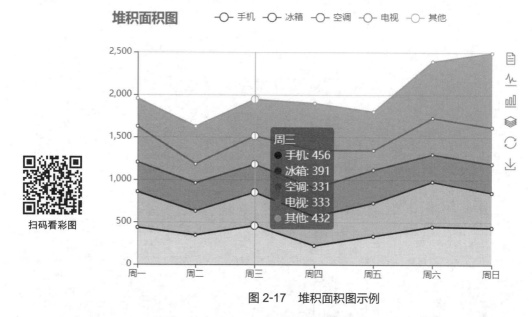

扫码看彩图

图 2-17 堆积面积图示例

由图 2-17 的堆积面积图可知，从下往上看，第 2 条线的数值=本身的数值+第 1 条线的数值，第 3 条线的数值=第 2 条线的数值+本身的数值，依此类推。以周三的数据为例，堆积面积图实际显示的是：手机=456，冰箱=456+391=847，空调=847+331=1178，电视=1178+333=1511，其他=1511+432=1943。

在 ECharts 中实现图 2-17 所示的图形绘制，如代码 2-12 所示。

代码 2-12 堆积面积图的关键代码

```
var option = {
    title: {  //配置标题组件
        text: "堆积面积图",  //设置主标题
        textStyle: {  //设置主标题文字样式
            color: 'green',
        },
        left: 20,  //适当调整工具框的 left 位置
        top: 3  //适当调整工具框的 top 位置
    },
    tooltip: {  //配置提示框组件
        trigger: 'axis'
```

```
   },
   legend: {  //配置图例组件
       data: ['手机', '冰箱', '空调', '电视', '其他'],
       left: 160,  //适当调整工具框的 left 位置
       top: 3   //适当调整工具框的 top 位置
   },
   toolbox: {  //配置工具箱组件
       show: true,
       orient: 'vertical',
       feature: {
           mark: { show: true },
           dataView: { show: true, readOnly: false },
           magicType: { show: true, type: ['line', 'bar', 'stack', 'tiled'] },
           restore: { show: true },
           saveAsImage: { show: true }
       },
       top: 52,  //适当调整工具框的 top 位置
       left: 550  //适当调整工具框的 left 位置
   },
   calculable: true,
   xAxis: [  //配置 x 轴坐标系
       {
           type: 'category',
           boundaryGap: false,
           data: ['周一', '周二', '周三', '周四', '周五', '周六', '周日']
       }
   ],
   yAxis: [  //配置 y 轴坐标系
       {
           type: 'value'
       }
   ],
   series: [  //配置数据系列
       {
           name: '手机',
           type: 'line',  //设置指定显示为折线
           stack: '总量',  //smooth:true,
           color: 'rgb(0,0,0)',
           itemStyle: {
               normal:
               {
```

```
                                    areaStyle: { type: 'default', color: 'rgb(174,221,139)' }
                }
        },
        data: [434, 345, 456, 222, 333, 444, 432]
    },
    {
        name: '冰箱',
        type: 'line',   //设置指定显示为折线
        stack: '总量',   //设置堆积
        color: 'blue',
        itemStyle: {
            normal: {
                areaStyle: { type: 'default', color: 'rgb(107,194,53)' }
            }
        },
        data: [420, 282, 391, 344, 390, 530, 410]
    },
    {
        name: '空调',
        type: 'line',   //设置指定显示为折线
        stack: '总量',   //设置堆积
        color: 'red',
        itemStyle: {
            normal: {
                areaStyle: { type: 'default', color: 'rgb(6,128,67)' }
            }
        },
        data: [350, 332, 331, 334, 390, 320, 340]
    },
    {
        name: '电视',
        type: 'line',   //设置指定显示为折线
        stack: '总量',   //设置堆积
        color: 'green',
        itemStyle: {
            normal: {
                areaStyle: { type: 'default', color: 'grey' }
            }
        },
        data: [420, 222, 333, 442, 230, 430, 430]
    },
```

```
    {
        name: '其他',
        type: 'line',  //设置指定显示为折线
        stack: '总量',  //设置堆积
        color: '#FA8072',
        itemStyle: {
            normal: {
                areaStyle: { type: 'default', color: 'rgb(38,157,128)' }
            }
        },
        data: [330, 442, 432, 555, 456, 666, 877]
    }
    ]
};
```

如果需要实现堆积折线图（Stacked Line Chart），那么只需要在代码 2-12 所示的堆积面积图代码中注释掉 series 中每组数据中 areaStyle 所在的代码行即可，如//areaStyle:{}。堆积折线图的效果如图 2-18 所示。

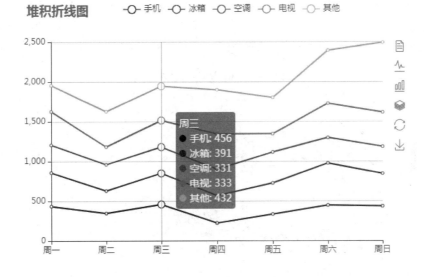

图 2-18　堆积折线图

2.3.3　绘制阶梯图

阶梯图为折线图的一种类型。与折线图不同的是，阶梯图使用间歇型跳跃的方式显示一种无规律数据的变化，用于显示某变量随时间的变化模式是上升还是下降。在现实生活中，无规律的数据有很多，例如：公共汽车票价一般会保持几个月到几年不变，然后某天突然加价或降价；风景名胜区的门票价格也会在一段时间内维持在同一价格。诸如此类的还有油价、税率、邮票价、某些商品价格等。

利用某风景名胜区门票价格数据绘制阶梯图，如图 2-19 所示。

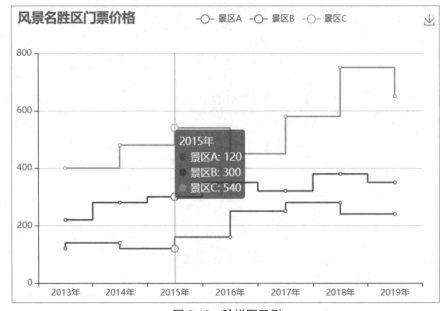

扫码看彩图

图 2-19　阶梯图示例

图 2-19 显示的是景区 A、景区 B 和景区 C 三种不同旅游景区门票在一段时期内的价格波动。不过门票的价格波动不像一般的商品价格波动，其波动不是连续平滑的，而是呈现一种阶梯状、锯齿状。

在 ECharts 中实现图 2-19 所示的图形绘制，如代码 2-13 所示。

代码 2-13　阶梯图的关键代码

```
var option = {
    title: {  //配置标题组件
        text: "风景名胜区门票价格",  //设置主标题
        textStyle: {  //设置主标题文字样式
            color: 'green',
        },
        left: 15,  //适当调整标题的 left 位置
        top: 0  //适当调整标题的 top 位置
    },
    tooltip: {  //配置提示框组件
        trigger: 'axis'
    },
    legend: {  //配置图例组件
        data: ['景区 A', '景区 B', '景区 C'],
        left: 260,  //适当调整工具框的 left 位置
        top: 3  //适当调整工具框的 top 位置
    },
    grid: {  //配置网格组件
        left: '3%',
```

```
                right: '4%',
                bottom: '3%',
                containLabel: true
            },
            toolbox: {   //配置工具箱组件
                feature: {
                    saveAsImage: {}
                }
            },
            xAxis: {   //配置 x 轴坐标系
                type: 'category',
                data: ['2013年', '2014年', '2015年', '2016年', '2017年', '2018年
', '2019年']
            },
            yAxis: {   //配置 y 轴坐标系
                type: 'value'
            },
            series: [   //配置数据系列
                {
                    name: '景区 A',
                    type: 'line',   //设置指定显示为折线
                    step: 'start',   //设置指定折线的显示样式
                    data: [120, 140, 120, 160, 250, 280, 240]
                },
                {
                    name: '景区 B',
                    type: 'line',   //设置指定显示为折线
                    step: 'middle',   //设置指定折线的显示样式
                    data: [220, 280, 300, 350, 320, 380, 350]
                },
                {
                    name: '景区 C',
                    type: 'line',   //设置指定显示为折线
                    step: 'end',   //设置指定折线的显示样式
                    data: [400, 480, 540, 450, 580, 750, 650]
                }
            ]
        };
```

　　由 2.3.1～2.3.3 小节介绍的 4 种折线图可知，折线图是点、线连在一起的图表，可反映事物的发展趋势和分布情况，适合在单个数据点不那么重要的情况下表现数据的变化趋势、增长幅度。如果一定要展示多条折线，那么最好不要同时展示超过 5 条。如果一定要用双 y 轴，那么必须确保这两个指标是有关系的。

任务 2.4 绘制饼图

任务描述

饼图（Pie）的核心思想是分解，适用于对比几个数据在其形成的总和中所占的百分比。整个饼代表总和，每一个数用一个扇形表示。为了更直观地查看影响健康寿命的各类因素数据、某高校的专业与人数分布数据，需要在 ECharts 中绘制不同的饼图进行展示，如标准饼图、圆环图、嵌套饼图和南丁格尔玫瑰图等。

任务分析

（1）在 ECharts 中绘制标准饼图。

（2）在 ECharts 中绘制圆环图。

（3）在 ECharts 中绘制嵌套饼图。

（4）在 ECharts 中绘制南丁格尔玫瑰图。

2.4.1 绘制标准饼图

标准饼图以一个完整的圆来表示数据对象的全体，其中扇形面积表示各个组成部分。饼图常用于描述百分比构成，其中每一个扇形代表一个数据所占的比例。下面以一个实例说明标准饼图的绘制方法。

世界卫生组织（WHO）在一份统计调查报告中指出：在影响健康、寿命的各类因素中，生活方式（饮食、运动和生活习惯）占 60%，遗传因素占 15%，社会因素占 10%，医疗条件占 8%，气候环境占 7%。因此，健康、寿命 60% 取决于自己。利用影响健康、寿命的各类因素数据绘制标准饼图，如图 2-20 所示。需要注意，该饼图在不同版本的 ECharts 中运行，会有一些细微的差别。

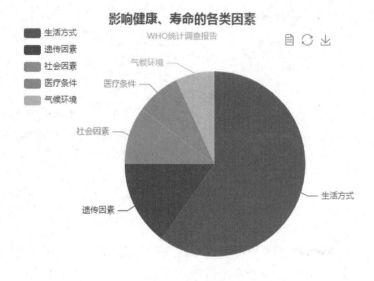

图 2-20 标准饼图

在 ECharts 中实现图 2-20 所示的图形绘制，如代码 2-14 所示。

代码 2-14　标准饼图的关键代码

```
var option = {
    title: {   //配置标题组件
        text: '影响健康、寿命的各类因素',  //设置主标题
        subtext: 'WHO 统计调查报告',  //设置次标题
        left: 'center'  //设置主次标题都左右居中
    },
    tooltip: {  //配置提示框组件
        trigger: 'item',
        formatter: "{a} <br/>{b} : {c} ({d}%)"
    },
    legend: {  //配置图例组件
        orient: 'vertical',  //设置垂直排列
        left: 62,  //设置图例左边距
        top: 22,  //设置图例顶边距
        data: ['生活方式', '遗传因素', '社会因素', '医疗条件', '气候环境']
    },
    toolbox: {  //配置工具箱组件
        show: true,  //设置工具箱组件是否显示
        left: 444,  //设置工具箱左边距
        top: 28,  //设置工具箱顶边距
        feature: {
            mark: { show: true },
            dataView: { show: true, readOnly: false },
            magicType: {
                show: true,
                type: ['pie', 'funnel'],
                option: {
                    funnel: {
                        x: '25%',
                        width: '50%',
                        funnelAlign: 'left',
                        max: 1548
                    }
                }
            },
            restore: { show: true },
            saveAsImage: { show: true }
        }
    }
```

```
            },
        calculable: true,
        series: [  //配置数据系列
            {
                name: '访问来源',
                type: 'pie',
                radius : '66%',  //设置半径
                center: ['58%', '55%'],  //设置圆心
                clockWise: true,
                data: [  //设置数据的具体值
                    { value: 60, name: '生活方式' },
                    { value: 15, name: '遗传因素' },
                    { value: 10, name: '社会因素' },
                    { value: 8, name: '医疗条件' },
                    { value: 7, name: '气候环境' }
                ]
            }
        ]
    };
```

在代码 2-14 中，最主要的参数有以下几个。

（1）center 表示圆心坐标，它可以是像素点表示的绝对值，也可以是数组类型。默认值为['50%','50%']。百分比计算时按照公式 min(width,height)*50%进行计算，其中的 width 和 height 分别表示 div 中所设置的宽度和高度。

（2）radius 表示半径，它可以是像素点表示的绝对值，也可以是数组类型。默认值为 [0, '75%']，支持绝对值（px）和百分比。百分比计算时按照公式 min(width,height)/2*75% 进行计算，其中的 width 和 height 分别表示 div 中所设置的宽度和高度。如果用形如[内半径，外半径]的数组表示的话，可以绘制一个圆环图；如果内半径为 0，则可绘制一个标准的饼图。

（3）clockWise 表示饼图中各个数据项（item）是否按照顺时针顺序显示，它是一个布尔类型，取值只有 false 和 true。默认值为 true。

2.4.2　绘制圆环图

圆环图是在圆环中显示数据，其中每个圆环代表一个数据项（item），用于对比分类数据的数值大小。圆环图跟标准饼图同属于饼图这一种图表大类，只不过更加美观，也更有吸引力。在绘制圆环图时，适合利用一个分类数据字段或连续数据字段，但数据最好不超过 9 条。

在 ECharts 中创建圆环图非常简单，只需要在代码 2-14 中修改一个语句，即将语句

"radius: '66%'," 修改为 "radius:['45%', '75%']," 原图即可由一个标准饼图变为一个圆环图，修改后的半径是有两个数值的数组，分别代表圆环的内、外半径。修改后的代码运行结果如图 2-21 所示。

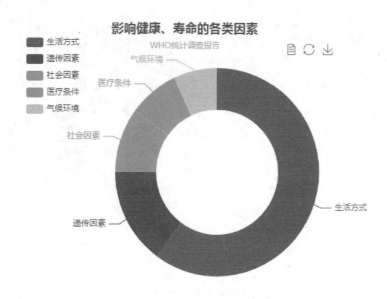

图 2-21　圆环图示例

2.4.3　绘制嵌套饼图

嵌套饼图用于在每个类别中再嵌套多个类别，反映各类数据之间的比例关系。嵌套饼图即两种饼图的嵌套，外层是一个圆环图，内层是一个标准饼图或圆环图。

某大学有 3 个学院，各学院的总学生人数如表 2-1 所示。

表 2-1　各学院的总学生人数

学院名称	专业名称	专业总人数（人）	学院总人数（人）
计算机学院	1-软件技术	800	1200
	1-移动应用开发	400	
大数据学院	2-大数据技术与应用	400	900
	2-移动互联应用技术	300	
	2-云计算技术与应用	200	
财金学院	3-投资与理财	400	600
	3-财务管理	200	

利用表 2-1 中的数据绘制嵌套饼图，如图 2-22 所示。

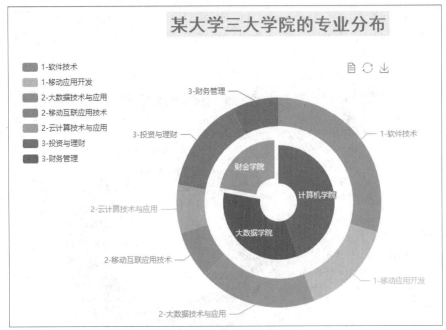

图 2-22　嵌套饼图示例

在 ECharts 中实现图 2-22 所示的图形绘制，如代码 2-15 所示。

代码 2-15　嵌套饼图的关键代码

```
var option = {
    title: {   //配置标题组件
        backgroundColor: 'yellow',   //设置主标题的背景颜色
        text: '某大学三大学院的专业分布',   //设置主标题的文字
        textStyle: {   //设置主标题文字样式
            color: 'green',   //设置主标题文字的颜色
            fontFamily: '黑体',   //设置主标题文字的字体
            fontSize: 28   //设置主标题文字的大小
        },
        x: 'center'   //设置主标题左右居中
    },
    tooltip: {   //配置提示框组件
        trigger: 'item',   //设置提示框的触发方式
        formatter: "{a} <br/>{b} : {c} ({d}%)"
    },
    legend: {   //配置图例组件
        orient: 'vertical',   //设置图例垂直方向
        x: 32,   //设置图例的水平方向
        y: 74,   //设置图例的垂直方向
        data: ['1-软件技术', '1-移动应用开发', '2-大数据技术与应用', '2-移动互联
```

```
应用技术',
                '2-云计算技术与应用', '3-投资与理财', '3-财务管理']
        },
        toolbox: {  //配置工具箱组件
            show: true,   //设置工具箱是否显示
            x: 555,   //设置工具箱的水平位置
            y: 74,   //设置工具箱的垂直位置
            feature: {
                mark: { show: true },
                dataView: { show: true, readOnly: false },
                magicType: {
                    show: true,
                    type: ['pie', 'funnel']
                },
                restore: { show: true },
                saveAsImage: { show: true }
            }
        },
        calculable: false,
        series: [
            {
                name: '专业名称',
                type: 'pie',
                selectedMode: 'single',
                radius: ['10%', '30%'],

                label: {
                    position: 'inner'
                },
                labelLine: {
                    show: false
                },
                data: [
                    { value: 1200, name: '计算机学院' },
                    { value: 900, name: '大数据学院' },
                    { value: 600, name: '财金学院', selected: true }  //初始时为
选中状态
                ]
            },
            {
                name: '专业名称',
```

```
            type: 'pie',
            selectedMode: 'single',
            radius: ['40%', '55%'],
            data: [
                { value: 800, name: '1-软件技术' },
                { value: 400, name: '1-移动应用开发' },
                { value: 500, name: '2-大数据技术与应用' },
                { value: 200, name: '2-移动互联应用技术' },
                { value: 200, name: '2-云计算技术与应用' },
                { value: 400, name: '3-投资与理财' },
                { value: 200, name: '3-财务管理' }
            ]
        }
    ]
};
```

2.4.4 绘制南丁格尔玫瑰图

南丁格尔玫瑰图又名鸡冠花图、极坐标区域图，它将柱图转化为更美观的饼图形式，是极坐标化的柱图，放大了数据之间差异的视觉效果，适用于对比原本差异小的数据。

在 ECharts 中绘制南丁格尔玫瑰图时，参数与 2.4.1 小节的标准饼图类似，但是南丁格尔玫瑰图有一个特殊的参数是 roseType，称为南丁格尔玫瑰图模式，可以使用的值有两种："radius"（半径）和 "area"（面积）。当使用半径模式时，以各个 item 的值作为扇形的半径，一般情况下，半径模式可能造成较大的失真；当使用面积模式时，以各个 item 的值作为扇形的面积，一般情况下，面积模式的失真较小。

某高校二级学院学生和教授的人数数据如表 2-2 所示，利用该数据绘制南丁格尔玫瑰图，如图 2-23 所示。

表 2-2　某高校二级学院学生和教授的人数数据

二级学院名称	学生人数（人）	教授人数（人）
计算机	2000	25
大数据	1500	15
外国语	1200	12
机器人	1100	10
建工	1000	8
机电	900	7
艺术	800	6
财经	700	4

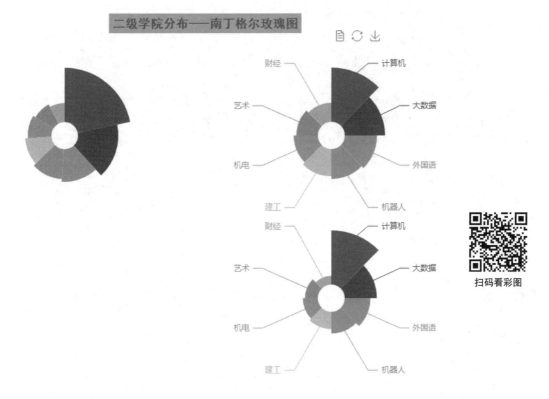

图 2-23 南丁格尔玫瑰图示例

在 ECharts 中实现图 2-23 所示的图形绘制，如代码 2-16 所示。

代码 2-16 南丁格尔玫瑰图的关键代码

```
var option = {
    title: {
        text: '二级学院分布——南丁格尔玫瑰图',
        x: 'center', //设置主标题全部居中
        backgroundColor: '#B5A642', //设置主标题的背景颜色为黄铜色
        textStyle: { //设置主标题
            fontSize: 18, //设置主标题的字号大小
            fontFamily: "黑体", //设置主标题的字体
            color: "#9932CD" //设置主标题的颜色为深兰花色
        },
    },
    tooltip: { //配置提示框组件
        trigger: 'item', //设置提示框的触发方式
        formatter: "{a} <br/>{b} : {c} ({d}%)"
    },
    legend: { //配置图例组件
```

```
            x: 'center',
            y: 'bottom',
            data: ['计算机', '大数据', '外国语', '机器人', '建工', '机电', '艺术', '
财经']
        },
        toolbox: {   //配置工具箱组件
            show: true,
            x: 600,   //设置工具箱的水平位置
            y: 18,   //设置工具箱的垂直位置
            feature: {
                mark: { show: true },
                dataView: { show: true, readOnly: false },
                magicType: {
                    show: true,
                    type: ['pie', 'funnel']
                },
                restore: { show: true },
                saveAsImage: { show: true }
            }
        },
        calculable: true,
        series: [   //配置数据系列
            {   //设置第 1 个数据系列及格式设置
                name: '学生人数(半径模式)',
                type: 'pie',   //南丁格尔玫瑰图属于饼图的一种
                radius: ['10%', '50%'],   //设置半径
                center: ['50%', 180],   //设置圆心
                roseType: 'radius',   //设置南丁格尔玫瑰图参数：半径模式
                width: '50%',
                max: 40,
                itemStyle: {
                    normal: {
                        label: {
                            show: false
                        },
                        labelLine: {
                            show: false
                        }
                    },
                    emphasis: {
                        label: {
```

```
                    show: true
                },
                labelLine: {
                    show: true
                }
            }
        },
        data: [
            { value: 2000, name: '计算机' },
            { value: 1500, name: '大数据' },
            { value: 1200, name: '外国语' },
            { value: 1100, name: '机器人' },
            { value: 1000, name: '建工' },
            { value: 900, name: '机电' },
            { value: 800, name: '艺术' },
            { value: 700, name: '财经' }
        ]
    },
    {   //设置第 2 个数据系列及格式
        name: '学生人数(面积模式)',
        type: 'pie',  //南丁格尔玫瑰图属于饼图的一种
        radius: ['10%', '50%'],  //设置半径
        center: ['50%', 180],  //设置圆心
        roseType: 'area',  //设置南丁格尔玫瑰图参数:面积模式
        x: '50%',
        max: 40,
        sort: 'ascending',
        data: [
            { value: 2000, name: '计算机' },
            { value: 1500, name: '大数据' },
            { value: 1200, name: '外国语' },
            { value: 1100, name: '机器人' },
            { value: 1000, name: '建工' },
            { value: 900, name: '机电' },
            { value: 800, name: '艺术' },
            { value: 700, name: '财经' }
        ]
    },
    {   //设置第 3 个数据系列及格式
        name: '教授人数(面积模式)',
        type: 'pie',  //南丁格尔玫瑰图属于饼图的一种
```

```
                    radius: ['10%', '50%'],  //设置半径
                    center: ['50%', 420],  //设置圆心
                    roseType: 'area',  //设置南丁格尔玫瑰图参数：面积模式
                    x: '50%',
                    max: 40,
                    sort: 'ascending',
                    data: [
                        { value: 25, name: '计算机' },
                        { value: 15, name: '大数据' },
                        { value: 12, name: '外国语' },
                        { value: 10, name: '机器人' },
                        { value: 8, name: '建工' },
                        { value: 7, name: '机电' },
                        { value: 6, name: '艺术' },
                        { value: 4, name: '财经' }
                    ]
                }
            ]
        };
```

尽管在数据可视化作品中随处可见玫瑰图的身影，但是仍有许多用户给它贴上了"华而不实"的标签。事实上和许多图表一样，玫瑰图也有一些不足之处。玫瑰图的使用注意事项如下。

（1）其适合展示类目比较多的数据。通过堆叠，玫瑰图可以展示大量的数据。对于类别过少的数据，则建议使用标准饼图。

（2）展示分类数据的数值差异不宜过大。在玫瑰图中，数值差异过大的分类会非常难以观察，图表整体也会很不协调。这种情况推荐使用条形图。

（3）将数据做排序处理。如果需要比较数据的大小，那么可以事先将数据进行升序或降序处理，避免数据类目较多或数据间差异较小时不相邻的数据难以精确比较。为数据添加数值标签也是一种解决办法，但是在数据较多时难以达到较好的效果。有时对于看起来"头重脚轻""不太协调"的玫瑰图，也可以手动设置数据的顺序，使图表更美观。设置不同的数据顺序，玫瑰图的效果也大大不同。

（4）慎用层叠玫瑰图。层叠玫瑰图存在的问题为：堆叠的数据起始位置不同，如果差距不大则难以直接进行比较。

由 2.4.1～2.4.4 小节介绍的 4 种饼图可知，在绘制饼图的时候需要注意的是将数值最大的部分排在最前面，并在细分项时不宜过多，一般不超过 8 项，也尽量不要制作三维的饼图。同时，切忌将饼图拉得过开，若要突出某一块，则可单独将其拉开。此外，饼图还应该尽量按升序或降序排列，标准的排序方式是降序。另外，应按照从大到小的顺序，顺时针排列各个扇区，这样的排序非常有必要，因为很难对相差不大的两个扇区进行大小比较，一致的排序方式可以为用户提供可靠的帮助。

小结

本章介绍了创建 ECharts 图表之前的准备工作,还介绍了图表的制作步骤。此外,还介绍了常见的柱状图,包括标准柱状图、堆积柱状图、标准条形图、瀑布图;常见的折线图,包括标准折线图、堆积折线图、堆积面积图、阶梯图;常见的饼图,包括标准饼图、圆环图、嵌套饼图和南丁格尔玫瑰图。

实训

实训 1　会员基本信息及消费能力对比分析

1. 训练要点

(1)掌握堆积柱状图的绘制。
(2)掌握标准条形图的绘制。
(3)掌握瀑布图的绘制。

2. 需求说明

"会员信息表.xlsx"文件记录了某鲜花店销售系统上的会员信息,具体包括会员编号、姓名、性别、年龄、年龄段、城市、入会方式、会员级别、会员入会日、VIP 建立日、购买总金额、购买总次数信息。绘制堆积柱状图分析会员年龄分布,绘制标准条形图分析会员入会渠道,绘制瀑布图分析不同城市会员消费总金额分布。

3. 实现思路及步骤

(1)在 Eclipse 中依次创建 3 个.html 文件,分别为堆积柱状图.html、标准条形图.html 和瀑布图.html。

(2)绘制堆积柱状图。首先,在堆积柱状图.html 文件中引入 echarts.js 库文件。其次,准备一个指定了大小的 div 容器,并使用 init()方法初始化容器。最后,设置堆积柱状图的配置项、"性别""年龄段"数据,完成堆积柱状图绘制。

(3)绘制标准条形图。首先,在标准条形图.html 文件中引入 echarts.js 库文件。其次,准备一个指定了大小的 div 容器,并使用 init()方法初始化容器。最后,设置标准条形图的配置项、"性别""入会方式"数据,完成标准条形图绘制。

(4)绘制瀑布图。首先,在瀑布图.html 文件中引入 echarts.js 库文件。其次,准备一个指定了大小的 div 容器,并使用 init()方法初始化容器。最后,设置瀑布图的配置项、"城市""购买总金额"数据,完成瀑布图绘制。

实训 2　会员数量相关分析

1. 训练要点

掌握折线图的绘制。

2. 需求说明

基于"会员信息表.xlsx"数据绘制折线图,分析历年不同级别会员数量的变化趋势。

3. 实现思路及步骤

（1）在 Eclipse 中创建折线图.html 文件。

（2）绘制折线图。首先，在折线图.html 文件中引入 echarts.js 库文件。其次，准备一个指定了大小的 div 容器，并使用 init()方法初始化容器。最后，设置折线图的配置项、"会员入会日""会员级别"数据，完成折线图绘制。

实训 3　会员来源结构分析

1. 训练要点

（1）掌握饼图的绘制。

（2）掌握圆环图的绘制。

2. 需求说明

基于"会员信息表.xlsx"数据绘制饼图和圆环图，分析会员入会渠道分布。

3. 实现思路及步骤

（1）在 Eclipse 中创建饼图.html 和圆环图.html 文件。

（2）绘制饼图。首先，在饼图.html 文件中引入 echarts.js 库文件。其次，准备一个指定了大小的 div 容器，并使用 init()方法初始化容器。最后，设置饼图的配置项和"入会方式"数据，完成饼图绘制。

（3）绘制圆环图。首先，在圆环图.html 文件中引入 echarts.js 库文件。其次，准备一个指定了大小的 div 容器，并使用 init()方法初始化容器。最后，设置圆环图的配置项和"入会方式"数据，完成圆环图绘制。

第 3 章　ECharts 官方文档及常用组件

第 2 章中介绍了柱状图、折线图、饼图 3 种最为常见图表的绘制和使用，但是没有介绍在遇到问题时如何寻求帮助，也没有详细介绍图表中组件的使用。图类与组件共同组成了一个图表，为了更加快捷地创建清晰明了、实用的图表，需要熟练使用 ECharts 官方文档，也必须合理地使用一些常用组件。本章将介绍 ECharts 中官方文档、常用组件的使用方法，如直角坐标系下的网格及坐标轴、标题组件、图例组件、工具箱组件、详情提示框组件、标记线与标记点。

学习目标

（1）掌握 ECharts 官方文档的查询方法。
（2）了解 ECharts 的基础架构及常用术语。
（3）掌握 ECharts 的直角坐标系下网格及坐标轴的使用。
（4）掌握 ECharts 中的标题组件与图例组件的使用。
（5）掌握 ECharts 中的工具箱组件与详情提示框组件的使用。
（6）掌握 ECharts 中的标记点与标记线的使用。

任务 3.1　ECharts 官方文档、基础架构及常用术语

任务描述

授人以鱼，不如授人以渔。ECharts 中的配置项非常多，开发者很难记忆所有的配置项（Option），而其又是开发时需要配置的最重要内容。为了在绘制图表时，能够方便、快速地查询所需要的配置项内容，需要了解 ECharts 官方文档的查询方法。此外，为了对 ECharts 的图类、组件、接口等有一个初步认识，还需要了解 ECharts 的基础架构及常用术语。

任务分析

（1）查询 ECharts 官方文档。
（2）了解 ECharts 的基础架构。
（3）了解 ECharts 的常用术语。

3.1.1　ECharts 官方文档简介

对于 ECharts 官方文档，不要期望一天就能够看完整个文档，并理解文档的所有内容，而应该将文档看成一部参考手册，在使用 ECharts 绘制图表时，应该知道如何随时快速地查询。

对于 ECharts 庞大的文档，没有必要记忆，也不太可能记忆全部配置项的内容，只需记住几个常用配置项的英文单词，如 title、legend、toolbox、tooltip 等。在 ECharts 4.x 的官网中，最为重要的文档为实例、教程、API 和配置项手册。

查询 ECharts 4.x"文档"菜单中"API"子菜单的步骤如下。

（1）进入 ECharts 4.x 的官网，开发者使用得最多的就是"文档"菜单。单击"文档"菜单，弹出 7 个子菜单，其中最为重要的是"教程""API""配置项手册"，如图 3-1 所示。

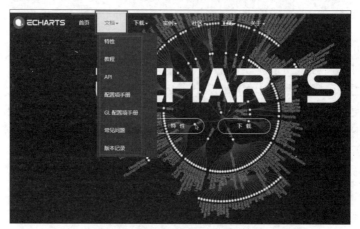

图 3-1　ECharts 4.x"文档"菜单

（2）单击"文档"菜单的子菜单"API"后，出现的"API"界面分为左边的导航区和右边的信息主显示区。单击左边导航区中的链接，就可在右边的信息主显示区中显示该链接所对应的详细内容，如图 3-2 所示。

图 3-2　ECharts 4.x 菜单"API"界面

查询 ECharts 4.x"文档"菜单中"配置项手册"子菜单的具体步骤如下。

（1）单击"文档"菜单中的子菜单"配置项手册"，或在已进入"文档"页面后，单击左上角的"配置项"链接，都可以进入"配置项"界面。"配置项"界面也分为左边的导航区和右边的信息主显示区。单击左边导航区中的链接，就可在右边的信息主显示区中显示该链接所对应的内容，如图 3-3 所示。

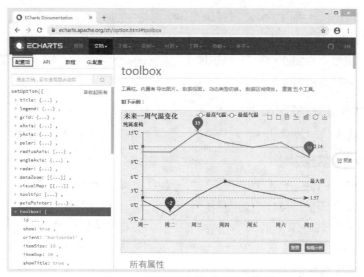

图 3-3　ECharts 4.x 菜单"配置项"界面

（2）在对配置项不太熟悉的情况下，可在"配置项"界面左上角的文本框中输入需要查询的配置项（支持模糊查询），按 Enter 键确认后，ECharts 将返回查询结果，并高亮显示所查询到的结果。如图 3-4 所示，在文本框中输入想要查询的内容"title.textstyle.font"后按 Enter 键，在文本框的下方会显示已查询到的结果。此处共查询到 4 条结果，并在下面的信息主显示区高亮显示已查询到的结果。

图 3-4　在"配置项"界面中查询配置项

（3）对配置项比较熟悉时，可以通过单击导航窗格中的 ˃ 图标或 ˅ 图标展开或收缩左边导航区中的配置项。当鼠标单击某一配置项时，信息主显示区会显示其详细内容，如图 3-4 所示。当鼠标单击"配置项"界面左边第二个方框中的"title.textStyle.fontStyle"时，在右上角的方框中会出现对应的解释与说明。

3.1.2 ECharts 基础架构及常用术语

在使用 ECharts 进行图表开发时，还需要了解 ECharts 的基础架构和常用术语。

1. ECharts 的基础架构

如果使用 DIV 或 CSS 在浏览器中画图，那么只能画出简单的方框或简单的圆形。当需要画比较复杂的可视化图表时，有两种技术解决方案：Canvas 和 SVG。Canvas 是基于像素点的画图技术，通过各种不同的画图函数，即可在 Canvas 这块画布上任意作画。SVG 的方式与 Canvas 完全不同，SVG 是基于对象模型的画图技术，通过若干标签组合为一个图表，它的特点是高保真，即使放大也不会有锯齿形失真。使用 Canvas 和 SVG 两者画图各有优势。ECharts 是基于 Canvas 技术进行图表绘制的，准确地说，ECharts 的底层依赖于轻量级的 Canvas 类库 ZRender。ZRender 是百度团队开发的，它通过 Canvas 绘图时会调用 Canvas 的一些接口。通常情况下，使用 ECharts 开发图表时，并不会直接涉及类库 ZRender。ECharts 基础架构中的底层基础库如图 3-5 所示。

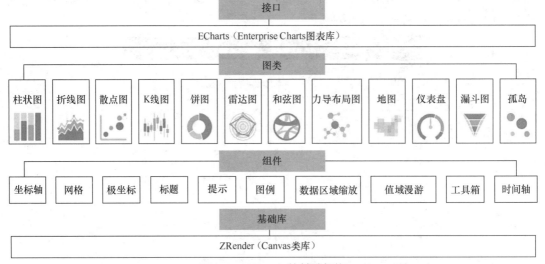

图 3-5　ECharts 的基础架构

在 ECharts 基础架构中基础库的上层有 3 个模块：组件、图类和接口。

组件模块包含坐标轴（axis）、网格（grid）、极坐标（polar）、标题（title）、提示（tooltip）、图例（legend）、数据区域缩放（dataZoom）、值域漫游（dataRange）、工具箱（toolbox）、时间轴（timeline）。ECharts 的图类模块近 30 种，常用的图类有柱状图（bar）、折线图（line）、散点图（scatter）、K 线图（k）、饼图（pie）、雷达图（radar）、地图（map）、仪表盘（gauge）、漏斗图（funnel）。图类与组件共同组成了一个图表，如果只是制作图表的话，掌握好图类与组件即可实现 80% 左右的功能。

另外 20% 左右的功能涉及更高级的特性。例如，当单击某个图表上某个区域的时候，能跳转到另外一个图表上；或当单击图表上的某个区域时，将展示另外一个区域中的数据，即图表组件的联动效果。此时，需要用到 ECharts 接口、事件编程。这些高级内容将在本书第 5 章详述。

2. ECharts 的常用术语

（1）ECharts 的基本名词。

本书几乎随处会用到 ECharts 的一些基本名词术语，因此，读者应该先对这些 ECharts 的基本名词有一个基本印象。因为在使用 ECharts 进行图表开发时以英文表达为主，所以需要掌握这些基本名词的英文单词和对应的含义。ECharts 的一些基本名词的简单介绍如表 3-1 所示，后面的章节中将会对它们进行详细介绍。

表 3-1　ECharts 的基本名词

名词	描述
title	标题组件，用于设置图表的标题
xAxis	直角坐标系中的横轴，通常默认为类目型
yAxis	直角坐标系中的纵轴，通常默认为数值型
grid	直角坐标系中除坐标轴外的绘图网格，用于定义直角系整体布局
legend	图例组件，用于表述数据和图形的关联
markPoint	标记点，用于标记图表中特定的点
markLine	标记线，用于标记图表中特定的值
dataZoom	数据区域缩放，用于展现大量数据时选择可视范围
visualMap	视觉映射组件，用于将数据映射到视觉元素
toolbox	工具箱组件，用于为图表添加辅助功能，如添加标线、框选缩放等
tooltip	提示框组件，用于展现更详细的数据
timeline	时间轴，用于展现同一系列数据在时间维度上的多份数据
series	数据系列，一个图表可能包含多个系列，每个系列可能包含多个数据

（2）ECharts 的图表名词。

ECharts 的图表开发中，最核心的工作是对配置项属性的设置；在配置项中，最为重要的一个属性是系列（series）中表示图表类型的属性（type）。因此，需要对 ECharts 中常见的图表类型有一个大致的了解，特别是记忆图标的英文表述，如折线图（line）、柱状图（bar）、饼图（pie）、散点图（scatter）、雷达图（radar）等。ECharts 图表名词的简单介绍如表 3-2 所示。

表 3-2　ECharts 的图表名词

名词	描述
line	折线图，用于显示数据随时间或有序类别变化的趋势
bar	柱状图，用于显示一段时间内的数据变化或显示各项之间的比较情况

名词	描述
pie	饼图或圆环图，用于对比几个数据在其构成的总和中所占的百分比
scatter	散点图或气泡图，用于显示数据点的分布情况
radar	雷达图，用于表现多变量的数据
tree	树图，用于展示树形数据结构各节点的层级关系
treemap	矩形树图，用于展示树形数据结构
heatmap	热力图，用于展现密度分布信息
funnel	漏斗图，用于展现数据经过筛选、过滤等流程处理后发生的数据变化
gauge	仪表盘，用于展现关键指标数据
wordCloud	词云图，用于对文本中出现频率较高的"关键词"予以视觉化的展现

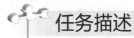 直角坐标系下的网格及坐标轴

任务描述

使用 ECharts 绘制图表时，可能会发现图表真正的绘图区域和图表容器之间有一些间隔，有时看上去不太协调。查看相关 API 可以得知，可以通过调整几个属性值控制绘图区域与容器之间的间距。因此，需要了解直角坐标系下如何绘制网格（grid）及其作用、如何绘制直角坐标系下的 x 轴（xAxis）和 y 轴（yAxis）。

任务分析

（1）配置直角坐标系下的网格及其属性。

（2）配置和使用直角坐标系下 3 种不同类型的坐标轴。

3.2.1　直角坐标系下的网格

在 ECharts 的直角坐标系下，有两个重要的组件：网格（grid）和坐标轴（axis）。

ECharts 中的网格是直角坐标系下定义网格布局和大小及颜色的组件，用于定义直角坐标系整体布局。ECharts 中的网格组件中所有参数的属性如表 3-3 所示，其中定义网格布局和大小的 6 个参数如图 3-6 所示。

表 3-3　网格（grid）组件的参数属性表

参数	默认值	描述
{number} zlevel	0	一级层叠控制，每一个不同的 zlevel 将产生一个独立的 Canvas，相同 zlevel 组件或图标将在同一个 Canvas 上渲染。zlevel 越高，越靠顶层。Canvas 对象增多会消耗更多内存和性能，且不建议设置过多 zlevel，大部分情况下可以通过二级层叠控制 z 实现层叠控制

续表

参数	默认值	描述
{number} z	2	二级层叠控制，同一个 Canvas（相同 zlevel）上，z 越高，越靠顶层
{number} x 或 {string} x	80	直角坐标系内绘图网格左上角横坐标，数值单位 px，支持百分比（字符串），如'50%'（显示区域横向中心）
{number} y 或 {string} y	60	直角坐标系内绘图网格左上角纵坐标，数值单位 px，支持百分比（字符串），如'50%'（显示区域纵向中心）
{number} x2 或 {string} x2	80	直角坐标系内绘图网格右下角横坐标，数值单位 px，支持百分比（字符串），如'50%'（显示区域横向中心）
{number} y2 或 {string} y2	0	直角坐标系内绘图网格右下角纵坐标，数值单位 px，支持百分比（字符串），如'50%'（显示区域纵向中心）
{number} width	适应	直角坐标系内绘图网格(不含坐标轴)宽度，数值单位 px，指定 width 后将忽略 x2，见图 3-6，支持百分比（字符串），如'50%'（显示区域一半的宽度）
{number} height	适应	直角坐标系内绘图网格(不含坐标轴)高度，数值单位 px，指定 height 后将忽略 y2，见图 3-6，支持百分比（字符串），如'50%'（显示区域一半的高度）
{color} backgroundColor	'transparent'	背景颜色
{number} borderWidth	1	网格的边框线宽
{color} borderColor	'#ccc'	网格的边框颜色

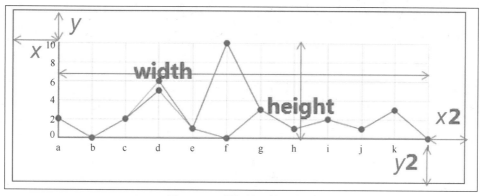

图 3-6　网格组件属性示意图

　　如表 3-3 和图 3-6 所示，共有 6 个主要参数定义网格布局和大小。其中，x 与 y 用于定义网格的左上角的位置；x2 与 y2 用于定义网格的右下角的位置；width 与 height 用于定义网格的宽度和高度；指定 width 后将忽略 x2，指定 height 后将忽略 y2。

　　利用某一时间未来一周气温变化数据绘制折线图，并为图表配置网格组件，如图 3-7 所示。

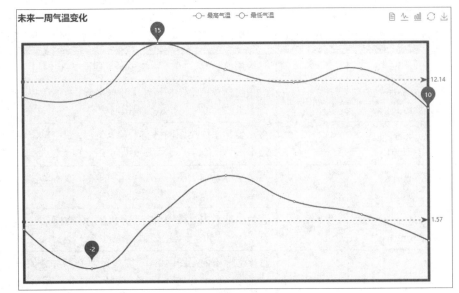

扫码看彩图

图 3-7　网格组件实例图

从图 3-7 中可以看出，本例中的网格边界线为 4 条边上宽度为 5px 的粗线条。

在 ECharts 中实现图 3-7 所示的图形绘制，如代码 3-1 所示。

代码 3-1　网格组件的关键代码

```
var option = {
    grid: {   //配置网格组件
        show: true,   //设置网格组件是否显示
        x: 15, y: 66,   //设置网格左上角的位置
        width: '93%', height: '80%',   //设置网格的宽度和高度
        x2: 100, y2: 100,   //设置网格右下角的位置
        borderWidth: 5,   //设置网格边界线的宽度
        borderColor: 'red',   //设置网格的边界线颜色为红色
        backgroundColor: '#f7f7f7',   //设置背景整个网格的颜色
    },
    title: {   //配置标题组件
        text: '未来一周气温变化',
    },
    tooltip: {   //配置提示框组件
        trigger: 'axis'
    },
    legend: {   //配置图例组件
        data: ['最高气温', '最低气温']
    },
    toolbox: {   //配置工具箱组件
        show: true,
```

```
        feature: {
            mark: { show: true },
            dataView: { show: true, readOnly: false },
            magicType: { show: true, type: ['line', 'bar'] },
            restore: { show: true }, saveAsImage: { show: true }
        }
    },
    calculable: true,
    xAxis: [  //配置 x 轴坐标系
        {
            show: false, smooth: true,
            type: 'category', boundaryGap: false,
            data: ['周一', '周二', '周三', '周四', '周五', '周六', '周日']
        }
    ],
    yAxis: [  //配置 y 轴坐标系
        {
            show: false, type: 'value',
            axisLabel: { formatter: '{value} ℃' }
        }
    ],
    series: [  //配置数据系列
        {
            name: '最高气温', smooth: true,
            type: 'line', data: [11, 11, 15, 13, 12, 13, 10],
            markPoint: {
                data: [
                    { type: 'max', name: '最大值' },
                    { type: 'min', name: '最小值' }
                ]
            },
            markLine: {  //设置标记线
                data: [
                    { type: 'average', name: '平均值' }
                ]
            }
        },
        {
            name: '最低气温', smooth: true,
            type: 'line', data: [1, -2, 2, 5, 3, 2, 0],
            markPoint: {  //设置标记点
```

```
        data: [
            { name: '周最低', value: -2, xAxis: 1, yAxis: -1.5 }
        ]
    },
    markLine: {   //设置标记线
        data: [
            { type: 'average', name: '平均值' }
        ]
    }
    }
]
};
```

在代码 3-1 中，需要重点观察 grid 节点中的代码段，其中由于同时设置了 width、height、x2、y2，所以系统将会自动忽略 x2、y2。

3.2.2　直角坐标系下的坐标轴

直角坐标系下有 3 种类型的坐标轴（axis）：类目型（category）、数值型（value）和时间型（time）。

（1）类目型：必须指定类目列表，坐标轴内有且仅有这些指定类目坐标。

（2）数值型：需要指定数值区间，如果没有指定，将由系统自动计算从而确定计算数值范围，坐标轴内包含数值区间内的全部坐标。

（3）时间型：时间型坐标轴用法与数值型坐标轴非常相似，只是目标处理和格式化显示时会自动转变为时间，并且随着时间跨度的不同而自动切换需要显示的时间粒度，例如：时间跨度为一年，系统将自动显示以月为单位的时间粒度；时间跨度为几个小时，系统将自动显示以分钟为单位的时间粒度。

坐标轴组件的属性如表 3-4 所示。其中，某些选项仅对特定的类型有效，请注意适用类型。坐标轴常用属性的示意图如图 3-8 所示。

表 3-4　坐标轴（axis）组件的属性表

参数	默认值	描述
{string} type	'category'、'value'、'time'、'log'	坐标轴类型，横轴默认为类目型'category'，纵轴默认为数值型'value'
{boolean} show	true	是否显示坐标轴，可选为：true（显示）和 false（隐藏）
{string} position	'bottom'、'left'	坐标轴类型，横轴默认为类目型'bottom'，纵轴默认为数值型'left'，可选为：'bottom'、'top'、'left'、'right'
{string} name	''	坐标轴名称
{string} nameLocation	'end'	坐标轴名称位置，可选为：'start'、'middle'、'center'、'end'
{Object} nameTextStyle	{}	坐标轴名称文字样式，颜色跟随 axisLine 主色

续表

参数	默认值	描述
{boolean} boundaryGap	true	类目起始和结束两端的空白策略，默认为 true（留空），false 则为顶头
{Array} boundaryGap	[0, 0]	坐标轴两端空白策略，为一个具有两个值的数组，分别表示数据最小值和最大值的延伸范围，可以直接设置数值或相对的百分比，在设置 min 和 max 后无效
{number} min	null	指定的最小值，会自动根据具体数值调整，指定后将忽略 boundaryGap[0]
{number} max	null	指定的最大值，会自动根据具体数值调整，指定后将忽略 boundaryGap[1]
{boolean} scale	false	是否脱离 0 值比例，设置成 true 后，坐标刻度不会强制包含零刻度；在设置 min 和 max 之后，该配置项无效
{number} splitNumber	null	分割段数，不指定时根据 min、max 算法调整
{Object} axisLine	各异	坐标轴线，详见图 3-8
{Object} axisTick	各异	坐标轴刻度标记，详见图 3-8
{Object} axisLabel	各异	坐标轴文本标签，详见图 3-8
{Object} splitLine	各异	分隔线，详见图 3-8
{Object} splitArea	各异	分隔区域，详见图 3-8
{Array} data	[ ]	类目列表，同时也是 label 内容

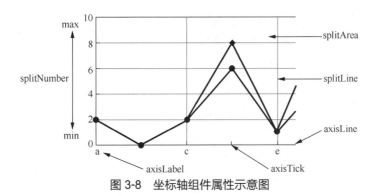

图 3-8　坐标轴组件属性示意图

利用某一年的蒸发量、降水量、最低气温和最高气温数据绘制双 *x* 轴和双 *y* 轴的折柱混搭图，并设置坐标轴的相关属性，如图 3-9 所示。

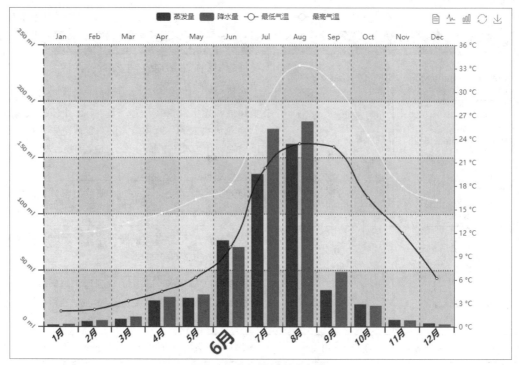

图 3-9　坐标轴组件实例图

在图 3-9 中，有上、下两条横轴，左、右两条纵轴，并且下边的横轴中有一个数据项标签较为突出，这是因为 ECharts 允许对个别标签进行个性化定义，数组项可设置为一个对象，并使用子属性 textStyle 设置个性化标签。

在 ECharts 中实现图 3-9 所示的图形绘制，如代码 3-2 所示。

代码 3-2　坐标轴的关键代码

```
var option = {
    color: ["red", 'green', 'blue', 'yellow', 'grey', '#FA8072'],
//使用自己预定义的颜色
    tooltip: {   //配置提示框组件
        trigger: 'axis'
    },
    legend: {  //配置图例组件
        data: ['蒸发量', '降水量', '最低气温', '最高气温']
    },
    toolbox: {   //配置工具箱组件
        show: true,
        feature: {
            mark: { show: true }, dataView: { show: true },
            magicType: { show: true, type: ['line', 'bar'] },
            restore: { show: true }, saveAsImage: { show: true }
        }
```

```
        },
    xAxis: [  //配置 x 轴坐标系
        {  //指定第一条 x 轴上的类目数据及格式
            type: 'category', position: 'bottom',
            boundaryGap: true, show: true,
            axisLine: {  //设置第一条 x 轴上的轴线
                lineStyle: {
                    color: 'green', type: 'solid', width: 2
                }
            },
            axisTick: {  //设置第一条 x 轴上的轴刻度标记
                show: true, length: 10,
                lineStyle: {
                    color: 'red', type: 'solid', width: 2
                }
            },
            axisLabel: {  //设置第一条 x 轴上的轴文本标签
                show: true, interval: 'auto',
                rotate: 45, margin: 8,
                formatter: '{value}月',
                textStyle: {
                    color: 'blue', fontFamily: 'sans-serif',
                    fontSize: 15, fontStyle: 'italic', fontWeight: 'bold'
                }
            },
            splitLine: {  //设置第一条 x 轴上的轴分隔线
                show: true,
                lineStyle: {
                    color: '#483d8b', type: 'dashed', width: 1
                }
            },
            splitArea: {  //设置第一条 x 轴上的轴分隔区域
                show: true,
                areaStyle: {
                    color: ['rgba(144,238,144,0.3)', 'rgba(135,200,
250,0.3)']
                }
            },
            data: [
                '1', '2', '3', '4', '5',
                {  //对第一条 x 轴进行轴标签个性化
```

```
                            value: '6',
                            textStyle: {
                                color: 'red', fontSize: 30, fontStyle: 'normal',
                                fontWeight: 'bold'
                            }
                        },
                        '7', '8', '9', '10', '11', '12'
                    ]
                },
                {   //指定第二条 x 轴上的类目数据
                    type: 'category',
                    data: ['Jan', 'Feb', 'Mar', 'Apr', 'May', 'Jun', 'Jul', 'Aug',
'Sep', 'Oct', 'Nov', 'Dec']
                }
            ],
            yAxis: [   //配置 y 轴组件
                {   //指定第一条 y 轴上的数值型数据及格式
                    type: 'value', position: 'left',
                    boundaryGap: [0, 0.1],
                    axisLine: {   //设置第一条 y 轴上的轴线
                        show: true,
                        lineStyle: {
                            color: 'red', type: 'dashed', width: 2
                        }
                    },
                    axisTick: {   //设置第一条 y 轴上的轴刻度标记
                        show: true,
                        length: 10,
                        lineStyle: {
                            color: 'green', type: 'solid', width: 2
                        }
                    },
                    axisLabel: {   //设置第一条 y 轴上的文本标签
                        show: true, interval: 'auto', rotate: -45, margin: 18,
                        formatter: '{value} ml',
                        textStyle: {
                            color: '#1e90ff', fontFamily: 'verdana',
                            fontSize: 10, fontStyle: 'normal',
                            fontWeight: 'bold'
                        }
                    },
```

```
            splitLine: {  //设置第一条 y 轴上的分隔线
                show: true,
                lineStyle: {
                    color: '#483d8b', type: 'dotted', width: 2
                }
            },
            splitArea: {  //设置第一条 y 轴上的分隔区域
                show: true,
                areaStyle: {
                    color: ['rgba(205,92,92,0.3)', 'rgba(255,215,0,0.3)']
                }
            }
        },
        {   //指定第二条 y 轴上的数值型数据及格式
            type: 'value',
            splitNumber: 10,
            axisLabel: {  //设置第二条 y 轴上的文本标签
                formatter: function (value) {
                    return value + ' ℃'
                }
            },
            splitLine: {  //设置第二条 y 轴上的分隔线
                show: false
            }
        }
    ],
    series: [  //配置数据系列
        {   //第一组数据: '蒸发量'
            name: '蒸发量', type: 'bar',
            data: [2.0, 4.9, 7.0, 23.2, 25.6, 76.7, 135.6, 162.2, 32.6,
20.0, 6.4, 3.3]
        },
        {   //第二组数据: '降水量'
            name: '降水量', type: 'bar',
            data: [2.6, 5.9, 9.0, 26.4, 28.7, 70.7, 175.6, 182.2, 48.7,
18.8, 6.0, 2.3]
        },
        {   //第三组数据: '最低气温'
            name: '最低气温', type: 'line',
            smooth: true,  //设置曲线为平滑
            yAxisIndex: 1,  //指定这一组数据使用第二条 y 轴（右边的）
```

```
                        data: [2.0, 2.2, 3.3, 4.5, 6.3, 10.2, 20.3, 23.4, 23.0, 16.5,
        12.0, 6.2]
                    },
                    {   //第四组数据：'最高气温'
                        name: '最高气温',
                        smooth: true,   //设置曲线为平滑
                        type: 'line',
                        yAxisIndex: 1,   //指定这一组数据使用第二条 y 轴（右边的）
                        data: [12.0, 12.2, 13.3, 14.5, 16.3, 18.2, 28.3, 33.4, 31.0,
        24.5, 18.0, 16.2]
                    }
                ]
            };
```

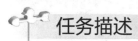 标题组件与图例组件

任务描述

　　九宫格布局是一种常用的布局方式，ECharts 中的大部分组件都支持九宫格布局。标题（title）组件，顾名思义，就是图表的标题，它是 ECharts 中一个比较简单的组件。图例（legend）组件也是 ECharts 中的一个常用组件，它以不同的颜色区别系列标记的名字。为了完善整个图表，需要配置和使用 ECharts 中的标题组件和图例组件。

任务分析

　　（1）了解九宫格布局。
　　（2）配置和使用标题组件。
　　（3）配置和使用图例组件。

3.3.1　标题组件

　　在 ECharts 2.x 中，单个 ECharts 实例最多只能拥有一个标题组件（title），每个标题组件可以配置主标题、副标题。而在 ECharts 3.x 和 ECharts 4.x 中，可以配置任意多个标题组件，这在需要对标题进行排版或单个实例中的多个图表都需要标题时会比较有用，其中，标题（title）组件的属性如表 3-5 所示。

表 3-5　标题（title）组件的属性表

参数	默认值	描述
{boolean} show	true	是否显示标题组件，可选为：true（显示）和 false（隐藏）
{number} zlevel	0	同表 3-3
{number} z	2	同表 3-3
{string} text	''	主标题文本，'\n'指定换行
{string} link	''	主标题文本超链接

续表

参数	默认值	描述
{string} target	'blank'	指定窗口打开主标题超链接，支持'self'及'blank'，不指定等同于指定为'blank'（新窗口）
{string} subtext	' '	副标题文本，'\n'指定换行
{string} subtarget	'blank'	指定窗口打开副标题超链接，支持'self'及'blank'，不指定等同于指定为'blank'（新窗口）
{string|number} x	'left'	水平安放位置，单位 px，可选为'center'、'left'、'right'、{number}
{string|number} y	'top'	垂直安放位置，单位px，可选为'top'、'bottom'、'center'、{number}
{string} textAlign	'auto'	水平对齐方式，可选'auto'、'left'、'right'、'center'
{color} backgroundColor	'transparent'	标题背景颜色
{string} borderColor	'#ccc'	标题边框颜色
{number} borderWidth	0	标题边框线宽，单位为 px
{number} padding 或{Array} padding	5	标题内边距，单位为 px，见图 3-10
{number} itemGap	10	主副标题纵向间隔，单位为 px
{Object} textStyle	{color: '#333', fontWeight:'normal', fontSize:18,}	主标题文本样式
{Object} subtextStyle	{color: '#aaa' fontWeight:'normal', fontSize:12,}	副标题文本样式

标题组件支持九宫格布局，其实，ECharts 中很多组件也都支持九宫格布局。九宫格布局是将一个区域分为 9 个部分，如图 3-11 所示。最上面一行共分为 3 个格子，可通过 x、y（在 ECharts 2.x 中使用 x、y，从 ECharts 3.0 开始使用 left、top）这两个属性，分别设置为 ('left','top')、('center','top')、('right','top')。中间的一行也分为 3 个格子，分别是('left','center')、('center','center')、('right','center')。最下面的一行也分为 3 个格子，分别是('left','bottom')、('center','bottom')、('right','bottom')。当然，九宫格布局也可以通过一对数值进行定位。

图 3-10 标题组件属性示意图

left,top	center,top	right,top
left,center	center,center	right,center
left,bottom	center,bottom	right,bottom

图 3-11 九宫格布局示意图

利用某一时间的未来一周气温变化数据绘制折线图，并为图表配置标题组件，如图 3-12 所示。

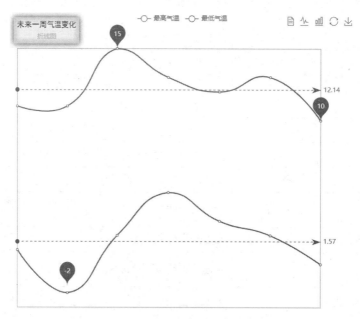

图 3-12　标题组件实例图

从图 3-12 中可以看出，该图为一个折线图，并在图表的左上角配置了主标题和副标题。在 ECharts 中实现图 3-12 所示的图形绘制，如代码 3-3 所示。

代码 3-3　标题组件实例的关键代码

```
mytextStyle = {  //定义自己的文本格式变量
    color: "blue",  //设置文字颜色
    fontStyle: "normal",  //italic 表示斜体，oblique 表示倾斜
    fontWeight:"normal",  //设置文字粗细，可选为：normal、bold、bolder、lighter、
100、200、300、400...
    fontFamily: "黑体",  //设置字体系列
    fontSize: 14,  //设置字体大小
};
//指定图表的配置项和数据
option = {
    grid: {  //配置网格组件
        show: true,  //设置网格组件是否显示
        x: 15, y: 66,  //设置网格左上角的位置
        borderColor: '#FA8072',  //设置网格的边界颜色
    },
    title: {  //配置标题组件
        show: true,  //设置标题组件是否显示
        text: "未来一周气温变化",  //设置主标题
```

```
            subtext: "折线图",  //设置副标题
            target: "blank",  //'self'表示为当前窗口打开, 'blank'表示为新窗口打开
            subtarget: "blank",  //设置副标题打开链接的窗口
            textAlign: "center",  //设置文本水平对齐
            textBaseline: "top",  //设置文本垂直对齐
            textStyle: mytextStyle,  //设置标题样式
            padding: 5,  //设置标题内边距
            itemGap: 10,  //设置主副标题间距
            //设置所属图形的 Canvas 分层, zlevel 大的 Canvas 会放在 zlevel 小的 Canvas
上面
            zlevel: 0,
            z: 2,  //设置所属组件的 z 分层, z 值小的图形会被 z 值大的图形覆盖
            left: "10%",  //设置组件与容器左侧的距离
            top: "10",  //设置组件与容器上侧的距离
            right: "auto",  //设置组件与容器右侧的距离
            bottom: "auto",  //设置组件与容器下侧的距离
            backgroundColor: "yellow",  //设置标题背景色
            borderColor: "#ccc",  //设置边框颜色
            borderWidth: 2,  //设置边框线宽
            shadowColor: "red",  //设置阴影颜色
            shadowOffsetX: 0,  //设置阴影水平方向上的偏移距离
            shadowOffsetY: 0,  //设置阴影垂直方向上的偏移距离
            shadowBlur: 10  //设置阴影的模糊大小
        },
        tooltip: {  //配置提示框组件
            trigger: 'axis'
        },
        legend: {  //配置图例组件
            data: ['最高气温', '最低气温']
        },
        toolbox: {  //配置工具箱组件
            show: true,
            feature: {
                mark: { show: true },
                dataView: { show: true, readOnly: false },
                magicType: { show: true, type: ['line', 'bar'] },
                restore: { show: true },
                saveAsImage: { show: true }
            }
        },
        calculable: true,
```

```
        xAxis: [   //配置 x 轴坐标系
            {
                show: false, type: 'category',
                boundaryGap: false,
                data: ['周一', '周二', '周三', '周四', '周五', '周六', '周日']
            }
        ],
        yAxis: [   //配置 y 轴坐标系
            {
                show: false, type: 'value',
                axisLabel: { formatter: '{value} ℃' }
            }
        ],
        series: [   //配置数据系列
            {
                name: '最高气温',
                smooth: true, type: 'line',
                data: [11, 11, 15, 13, 12, 13, 10],
                markPoint: {   //设置标记点
                    data: [
                        { type: 'max', name: '最大值' }, { type: 'min', name:
'最小值' }
                    ]
                },
                markLine: {   //设置标记线
                    data: [{ type: 'average', name: '平均值' }]
                }
            },
            {
                name: '最低气温',
                smooth: true, type: 'line', data: [1, -2, 2, 5, 3, 2, 0],
                markPoint: {   //设置标记点
                    data: [{ name: '周最低', value: -2, xAxis: 1, yAxis: -1.5 }]
                },
                markLine: {   //设置标记线
                    data: [{ type: 'average', name: '平均值' }]
                }
            }
        ]
    };
```

利用某个月 20 天内气温变化、空气质量指数、金价走势和股票 A 走势数据，在一个 DOM 容器中绘制散点图，并分别为 4 个图表配置标题组件，如图 3-13 所示。

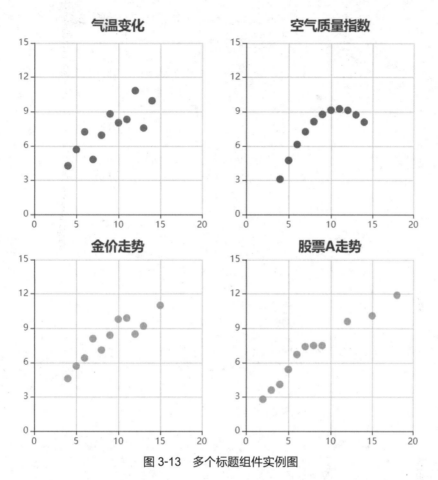

图 3-13　多个标题组件实例图

图 3-13 中一共含有 4 个散点图，并且每一个图表都配置了标题，一共配置了 4 个标题。在 ECharts 中实现图 3-13 所示的图形绘制，如代码 3-4 所示。

代码 3-4　多个标题组件实例的关键代码

```
var titles = ['气温变化', '空气质量指数', '金价走势', '股票A走势'];
var dataAll = [  //数据
    [[10.0, 8.04], [8.0, 6.95], [13.0, 7.58], [9.0, 8.81], [11.0, 8.33],
    [14, 9.96], [6, 7.24], [4, 4.26], [12, 10.84], [7, 4.82], [5.0, 5.68]],
    [[10, 9.14], [8.0, 8.14], [13, 8.74], [9, 8.77], [11, 9.26], [14.0, 8.1],
    [6.0, 6.13], [4.0, 3.10], [12.0, 9.13], [7, 7.26], [5.0, 4.74]],
    [[4.0, 4.6], [5.0, 5.7], [6.0, 6.4], [7.0, 8.1], [8.0, 7.1], [9.0, 8.4],
    [10.0, 9.8], [11.0, 9.9], [12.0, 8.5], [13.0, 9.2], [15.0, 11.0]],
    [[2.0, 2.8], [3.0, 3.6], [4.0, 4.1], [5.0, 5.4], [6.0, 6.7], [7.0, 7.4],
    [8.0, 7.5], [9.0, 7.5], [12.0, 9.6], [15.0, 10.1], [18.0, 11.9]]
];
var markLineOpt = {
    animation: false,
    lineStyle: {
```

```
                    normal: { type: 'solid' }
                },
                data: [[{
                    coord: [0, 3], symbol: 'none'  //设置起点或终点的坐标
                }, {
                    coord: [20, 13], symbol: 'none'
                }]]
            }
        }
        var option = {
            title: [  //配置标题组件
                { text: titles[0], textAlign: 'center', left: '25%', top: '1%' },
                { text: titles[1], left: '73%', top: '1%', textAlign: 'center' },
                { text: titles[2], textAlign: 'center', left: '25%', top: '50%' },
                { text: titles[3], textAlign: 'center', left: '73%', top: '50%' }
            ],
            grid: [  //配置网格组件
                { x: '7%', y: '7%', width: '38%', height: '38%' }, { x2: '7%', y:
'7%', width: '38%', height: '38%' },
                { x: '7%', y2: '7%', width: '38%', height: '38%' }, { x2: '7%', y2:
'7%', width: '38%', height: '38%' }
            ],
            tooltip: {  //配置提示框组件
                formatter: 'Group {a}:({c})'
            },
            xAxis: [  //配置 x 轴坐标系
                { gridIndex: 0, min: 0, max: 20 }, { gridIndex: 1, min: 0, max: 20 },
                { gridIndex: 2, min: 0, max: 20 }, { gridIndex: 3, min: 0, max: 20 }
            ],
            yAxis: [  //配置 y 轴坐标系
                { gridIndex: 0, min: 0, max: 15 }, { gridIndex: 1, min: 0, max: 15 },
                { gridIndex: 2, min: 0, max: 15 }, { gridIndex: 3, min: 0, max: 15 }
            ],
            series: [  //配置数据系列
                {  //设置数据系列 1
                    name: 'I', type: 'scatter',
                    xAxisIndex: 0, yAxisIndex: 0,
                    data: dataAll[0],
                },
                {  //设置数据系列 2
                    name: 'II', type: 'scatter',
                    xAxisIndex: 1, yAxisIndex: 1,
                    data: dataAll[1],
                },
                {  //设置数据系列 3
                    name: 'III', type: 'scatter',
                    xAxisIndex: 2, yAxisIndex: 2,
                    data: dataAll[2],
                },
                {  //设置数据系列 4
                    name: 'IV', type: 'scatter',
                    xAxisIndex: 3, yAxisIndex: 3,
```

```
                    data: dataAll[3],
                }
            ]
        };
```

3.3.2　图例组件

图例（legend）组件是 ECharts 中较为常用的组件，它用于以不同的颜色区别系列标记的名字，表述了数据与图形的关联。用户在操作时，可以通过单击图例控制哪些数据系列显示或不显示。在 ECharts 3.x/ECharts 4.x 中，单个 ECharts 实例可以存在多个图例组件，方便多个图例的布局。当图例数量过多时，可以使用滚动翻页。在 ECharts 中，图例组件的属性如表 3-6 所示。

表 3-6　图例组件的属性表

参数	默认值	描述
{boolean} show	true	是否显示图例，可选为：true（显示）和 false（隐藏）
{string} type	'plain'	图例的类型，可选为：'plain'（普通）和'scroll'（可滚动翻页）
{number} zlevel	0	同表 3-3
{number} z	2	同表 3-3
{string} orient	'horizontal'	布局方式，可选为：'horizontal'和'vertical'
{string} x 或{number} x	'center'	水平安放位置，单位为 px，可选为：'center'、'left'、'right'、{number}
{string} y 或{number} y	'top'	垂直安放位置，单位为 px，可选为：'top'、'bottom'、'center'、{number}
{color} backgroundColor	'transparent'	图例背景颜色
{string} borderColor	'#ccc'	图例边框颜色
{number} borderWidth	0	图例边框线宽，单位为 px
{number} padding 或 {Array} padding	5	图例内边距，单位为 px，见图 3-14
{number} itemGap	10	各个 item 之间的间隔，单位为 px，横向布局时为水平间隔，纵向布局时为纵向间隔，见图 3-14
{number} itemWidth	25	图例标记的图形宽度
{number} itemHeight	14	图例标记的图形高度
{Object} textStyle	{color: '#333'}	图例的公用文本样式，可设 color 为'auto'
{string} formatter 或 {Function} formatter	null	用于格式化图例文本，支持字符串模板和回调函数两种形式
{boolean} selectedMode 或{string} selectedMode	true	选择模式，可选为 single 和 multiple

参数	默认值	描述
{Object} selected	null	图例默认选中状态表，可配合 LEGEND.SELECTED 事件做动态数据载入
{Array} data	[ ]	图例的数据数组，数组项通常为字符串，每一项代表一个系列的 name，默认布局到达边缘会自动分行（列），传入空字符串""可实现手动分行（列）。 使用根据该值索引 series 中同名系列所用的图表类型和 itemStyle，如果索引不到，该 item 将默认为未启用状态。如需个性化图例文字样式，可将数组项改为{Object}，指定文本样式和个性化图例 icon，格式为：{name : {string}, textStyle : {Object}, icon : {string}}

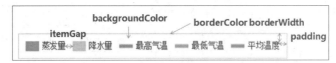

图 3-14　图例组件属性示意图

利用某一年的蒸发量、降水量、最低气温和最高气温数据绘制折柱混搭图，并为图表配置图例组件，如图 3-15 所示。

扫码看彩图

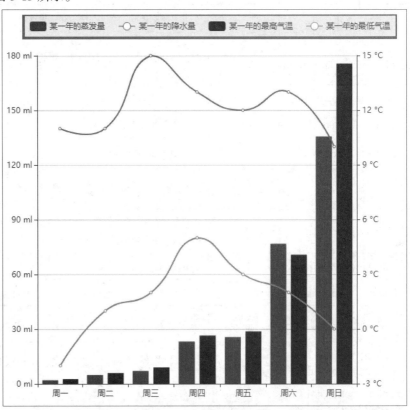

图 3-15　图例组件实例图

在 ECharts 中实现图 3-15 所示的图形绘制，如代码 3-5 所示。

代码 3-5　图例组件实例的关键代码

```javascript
var option = {
    color: ["red", 'green', 'blue', 'grey'], //使用自己预定义的颜色
    legend: {
        orient: 'horizontal', //'vertical'
        x: 'right', //可选为: 'center'、'right'、'left'、{number}
        y: 'top', //可选为: 'center'、'top'、'bottom'、{number}
        backgroundColor: '#eee',
        borderColor: 'rgba(178,34,34,0.8)',
        borderWidth: 4,
        padding: 10,
        itemGap: 20, textStyle: { color: 'red' },
    },
    xAxis: {  //配置 x 轴坐标系
        data: ['周一', '周二', '周三', '周四', '周五', '周六', '周日']
    },
    yAxis: [  //配置 y 轴坐标系
        {  //设置第 1 条 y 轴
            type: 'value',
            axisLabel: { formatter: '{value} ml' }
        },
        {  //设置第 2 条 y 轴
            type: 'value',
            axisLabel: { formatter: '{value} ℃' },
            splitLine: { show: false }
        }
    ],
    series: [  //配置数据系列
        {  //设置数据系列 1
            name: '某一年的蒸发量', type: 'bar',
            data: [2.0, 4.9, 7.0, 23.2, 25.6, 76.7, 135.6]
        },
        {  //设置数据系列 2
            name: '某一年的降水量', smooth: true,
            type: 'line', yAxisIndex: 1, data: [11, 11, 15, 13, 12, 13, 10]
        },
        {  //设置数据系列 3
            name: '某一年的最高气温', type: 'bar',
            data: [2.6, 5.9, 9.0, 26.4, 28.7, 70.7, 175.6]
        },
        {  //设置数据系列 4
            name: '某一年的最低气温', smooth: true,
```

```
                type: 'line', yAxisIndex: 1, data: [-2, 1, 2, 5, 3, 2, 0]
            }
        ]
    };
```

当图例数量过多或图例长度过长时，可以使用垂直滚动图例或水平滚动图例，参见属性 legend.type。此时，设置 type 属性的值为"scroll"，表示图例只显示在一行，多余的部分会自动呈现为滚动效果，如图 3-16 所示。

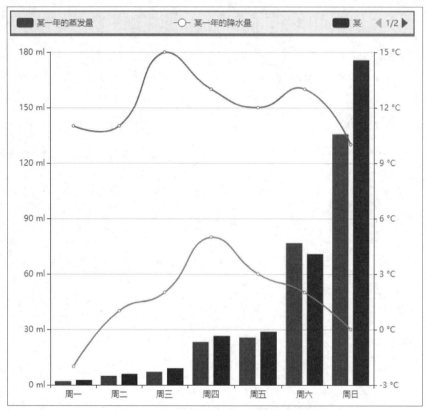

图 3-16　图例组件（滚动效果）实例图

图 3-16 右上方的 ◀ 1/2 ▶ 图标即图例的滚动图标，可以将图例呈现为滚动效果。在 ECharts 中实现图 3-16 所示的图形绘制，如代码 3-6 所示。

代码 3-6　图例组件（滚动效果）实例的关键代码

```
var option = {
    color: ['red', 'green', 'blue', 'grey'],  //使用自己预定义的颜色
    legend: {
        type:'scroll',  //设置为滚动图例，type 属性默认值为'plain'（普通图例，不
滚动）
        orient: 'horizontal',  //可选为: 'horizontal'、'vertical'
        x: 'right',  //可选为: 'center'、'right'、'left'、{number}
        y: 'top',  //可选为: 'center'、'top'、'bottom'、{number}
```

```
        backgroundColor: '#eee',
        borderColor: 'rgba(178,34,34,0.8)',
        borderWidth: 4,
        padding: 10,
        itemGap: 20, textStyle: { color: 'red' },
    },
    xAxis: {　//配置 x 轴坐标系
        data: ['周一', '周二', '周三', '周四', '周五', '周六', '周日']
    },
    yAxis: [　//配置 y 轴坐标系
        {　//设置第 1 条 y 轴坐标系
            type: 'value',
            axisLabel: { formatter: '{value} ml' }
        },
        {　//设置第 2 条 y 轴坐标系
            type: 'value',
            axisLabel: { formatter: '{value} °C' },
            splitLine: { show: false }
        }
    ],
    series: [　//配置数据系列
        {　//设置数据系列 1
            name: '某一年的蒸发量                        ', type: 'bar',
            data: [2.0, 4.9, 7.0, 23.2, 25.6, 76.7, 135.6]
        },
        {　//设置数据系列 2
            name: '某一年的降水量                     ', smooth: true,
            type: 'line', yAxisIndex: 1, data: [11, 11, 15, 13, 12, 13, 10]
        },
        {　//设置数据系列 3
            name: '某一年的最高气温                      ', type: 'bar',
            data: [2.6, 5.9, 9.0, 26.4, 28.7, 70.7, 175.6]
        },
        {　//设置数据系列 4
            name: '某一年的最低气温                       ', smooth: true,
            type: 'line', yAxisIndex: 1, data: [-2, 1, 2, 5, 3, 2, 0]
        }
    ]
};
```

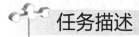

任务 3.4　工具箱组件与详情提示框组件

任务描述

ECharts 中的工具箱（toolbox）组件包含了可视化图表中一些附加的功能，它内置了多个子工具。详情提示框（tooltip）组件可以展现出更为详细的数据。为更加便捷地操作图表并详细地观察图表中的数据，需要配置和使用工具箱组件与详情提示框组件。

任务分析

（1）配置和使用工具箱组件。

（2）配置和使用详情提示框组件。

（3）格式化处理详情提示框组件。

3.4.1　工具箱组件

ECharts 中的工具箱（toolbox）组件功能非常强大，其内置有 6 个子工具，包括标记（mark）、数据区域缩放（dataZoom）、数据视图（dataView）、动态类型切换（magicType）、重置（restore）、导出图片（saveAsImage）。工具箱组件中最主要的属性是 feature，这是工具箱组件的配置项，6 个子工具的配置都需要在 feature 中实现。

除了各个内置的工具按钮外，开发者还可以自定义工具按钮。注意，自定义的工具名字只能以 my 开头，如 myTool1、myTool2，具体可参见代码 3-7 中 myTool 自定义工具按钮的实现。

在 ECharts 中，工具箱（toolbox）组件的属性如表 3-7 所示。

表 3-7　工具箱（toolbox）组件的属性表

参数	默认值	描述
{boolean} show	true	是否显示工具箱组件，可选为 true（显示）和 false（隐藏）
{number} zlevel	0	同表 3-3
{number} z	2	同表 3-3
{string} orient	'horizontal'	布局方式，可选为'horizontal'和'vertical'
{string} x 或{number} x	'center'	水平安放位置，单位为 px，可选为'center'、'left'、'right'、{number}
{string} y 或{number} y	'top'	垂直安放位置，单位为 px，可选为'top'、'bottom'、'center'、{number}
{color} backgroundColor	'rgba(0,0,0,0)'	工具箱背景颜色
{string} borderColor	'#ccc'	工具箱边框颜色
{number} borderWidth	0	工具箱边框线宽，单位为 px
{number} padding 或 {Array} padding	5	工具箱的内边距，单位为 px，见图 3-14
{number} itemGap	10	工具箱 icon 每项之间的间隔，单位为 px，横向布局时为水平间隔，纵向布局时为纵向间隔
{number} itemSize	15	工具箱 icon 大小，单位为 px

参数	默认值	描述
{boolean} showTitle	true	是否在鼠标悬停（hover）的时候显示每个工具 icon 的标题
{Object} feature	Object（省略）	各工具配置项。除了各个内置的工具按钮外，还可以自定义工具按钮。注意：自定义的工具名字只能以 my 开头

利用 2020 年 3 月 7 日—2020 年 3 月 22 日某学校作业成绩的最高分和最低分数据绘制折线图，并为图表配置工具箱组件，如图 3-17 所示。

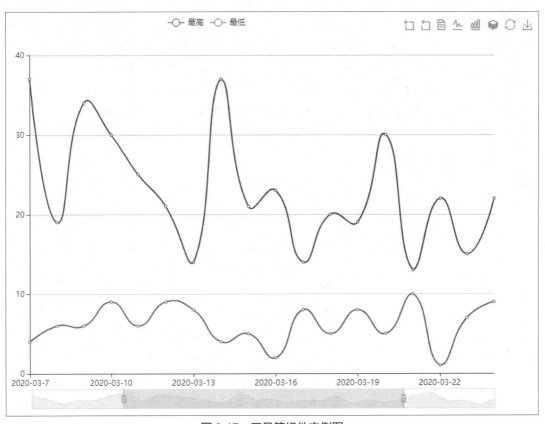

图 3-17　工具箱组件实例图

从图 3-17 可以看出，图表的右上角配置了 8 个工具。

在 ECharts 中实现图 3-17 所示的图形绘制，如代码 3-7 所示。

代码 3-7　工具箱组件实例的关键代码

```
var option = {
    color: ["red", 'green', 'blue', 'yellow', 'grey', '#FA8072'],
//使用自己预定义的颜色
    tooltip: {  //配置提示框组件
        trigger: 'axis'
    },
    legend: {  //配置图例组件
```

```
                    x: 300, data: ['最高', '最低']
                },
            toolbox: {    //配置工具箱组件
                show: true,    //设置是否显示工具箱组件
                orient: 'horizontal',    //设置布局方式，默认为水平布局，可选: 'horizontal'
和 'vertical'
                //设置水平安放位置，默认为右对齐
                //可选:'center'、'left'、'right'、{number}（x 坐标，单位为 px）
                x: 'right',
                y: 'top',
                color: ['#1e90ff', '#22bb22', '#4b0082', '#d2691e'],
                backgroundColor: 'rgba(0,0,0,0)',    //设置工具箱背景颜色
                borderColor: '#ccc',    //设置工具箱边框颜色
                borderWidth: 0,    //设置工具箱边框线宽，单位为 px，默认为 0（无边框）
                padding: 5,    //设置工具箱内边距，单位为 px，默认各方向内边距为 5
                showTitle: true,
                feature: {
                    mark: {    //设置标记
                        show: true,
                        title: {
                            mark: '辅助线-开关',
                            markUndo: '辅助线-删除',
                            markClear: '辅助线-清空'
                        },
                        lineStyle: { width: 1, color: '#1e90ff', type: 'dashed' }
                    },
                    dataZoom: {    //设置数据区域缩放
                        show: true,
                        title: { dataZoom: '区域缩放', dataZoomReset: '区域缩放-
后退' }
                    },
                    dataView: {    //设置数据视图
                        show: true, title: '数据视图',
                        readOnly: false, lang: ['数据视图', '关闭', '刷新'],
                        optionToContent: function (opt) {
                            var axisData = opt.xAxis[0].data;
                            var series = opt.series;
                            var table = '<table style="width:100%;text-align:
center"><tbody><tr>'
                                + '<td>时间</td>'
                                + '<td>' + series[0].name + '</td>'
```

```
                                    + '<td>' + series[1].name + '</td>'
                                    + '</tr>';
                        for (var i = 0, l = axisData.length; i < l; i++) {
                            table += '<tr>'
                                + '<td>' + axisData[i] + '</td>'
                                + '<td>' + series[0].data[i] + '</td>'
                                + '<td>' + series[1].data[i] + '</td>'
                                + '</tr>';
                        }
                        table += '</tbody></table>';
                        return table;
                    }
                },
                magicType: {   //设置动态类型切换
                    show: true,
                    title: {
                        line: '动态类型切换-折线图',
                        bar: '动态类型切换-柱状图',
                        stack: '动态类型切换-堆积',
                        tiled: '动态类型切换-平铺'
                    },
                    type: ['line', 'bar', 'stack', 'tiled']
                },
                restore: {   //设置数据重置
                    show: true, title: '还原', color: 'black'
                },
                saveAsImage: {   //设置导出图片
                    show: true, title: '保存为图片',
                    type: 'jpeg', lang: ['单击本地保存']
                },
                myTool: {   //设置自定义工具按钮
                    show: true, title: '自定义扩展方法',
                    //设置改变默认的图标为一个特定的图标
                    icon: "image://images/girl3.gif",
                    icon: 'image://http://echarts.baidu.com/images/favicon.
png',
                    onclick: function () { alert('广科院,大数据与人工智能学院
') }
                }
            }
        },
```

```
            calculable: true,
            dataZoom: { //配置数据区域缩放
                show: true, realtime: true,
                start: 20, end: 80
            },
            xAxis: [ //配置 x 轴坐标系
                {
                    type: 'category', boundaryGap: false,
                    data: function () {
                        var list = [];
                        for (var i = 1; i <= 30; i++) { list.push('2020-03-' +
i); }
                        return list;
                    }()
                }
            ],
            yAxis: [ //配置 y 轴坐标系
                { type: 'value' }
            ],
            series: [ //配置数据系列
                { //设置数据系列 1
                    name: '最高', type: 'line', smooth: true,
                    data: function () {
                        var list = [];
                        for (var i = 1; i <= 30; i++) {
                            list.push(Math.round(Math.random() * 30) + 10);
                        }
                        return list;
                    }()
                },
                { //设置数据系列 2
                    name: '最低',
                    type: 'line', smooth: true,
                    data: function () {
                        var list = [];
                        for (var i = 1; i <= 30; i++) {
                            list.push(Math.round(Math.random() * 10));
                        }
                        return list;
                    }()
                }
```

```
    ]
  };
```

3.4.2　详情提示框组件

详情提示框（tooltip）组件又称气泡提示框组件或弹窗组件，也是一个功能比较强大的组件，当鼠标滑过图表中的数据标签时，会自动弹出一个小窗体，展现更详细的数据。有时为了更友好地显示数据内容，还需要对显示的数据内容做格式化处理，或添加自定义内容。详情提示框组件的属性如表 3-8 所示。在详情提示框组件中，最为常用的属性是 trigger（触发类型）属性。

表 3-8　详情提示框（tooltip）组件的属性表

参数	默认值	描述
{boolean} show	true	是否显示详情提示框组件，可选为：true（显示）和 false（隐藏）
{number} zlevel	0	同表 3-3
{number} z	2	同表 3-3
{boolean} showContent	true	是否显示提示框浮层，只需 tooltip 触发事件或显示 axisPointer，而不需要显示内容时，可配置该项为 false，可选为 true（显示）和 false（隐藏）
{string} trigger	'item'	触发类型，可选为'item'、'axis'、'none'
{Array} position 或 {Function} position	null	提示框浮层的位置,默认不设置时位置会跟随鼠标的位置
{string} formatter 或 {Function} formatter	null	提示框浮层内容格式器,支持字符串模板和回调函数两种形式
{number} showDelay	0	浮层显示的延迟，添加显示延迟可以避免频繁切换，特别是在详情内容需要异步获取的场景，单位为 ms
{number} hideDelay	100	浮层隐藏的延迟，单位为 ms
{number} transitionDuration	0.4	提示框浮层的移动动画过渡时间，单位为 s，设置为 0 的时候会紧跟着鼠标移动
{boolean} enterable	false	鼠标是否可进入提示框浮层中，当需详情内容交互时，如添加链接、按钮，可设置为 true
{color} backgroundColor	'rgba(50,50,50,0.7)'	提示框浮层的背景颜色
{string} borderColor	'#333'	提示框浮层的边框颜色
{number} borderRadius	4	提示边框圆角，单位为 px
{number} borderWidth	0	提示框浮层的边框宽，单位为 px
{number} padding 或 {Array}padding	5	提示框浮层内边距，单位为 px
{Object} axisPointer	Object（省略）	坐标轴指示器配置项，可选为：'line'、'cross'、'shadow'、'none'（无），指定 type 后对应 style 生效
{Object} textStyle	{color:'#fff'}	提示框浮层的文本样式

利用一周内商家的收入数据绘制柱状图，并为图表配置详情提示框组件，如图 3-18 所示。

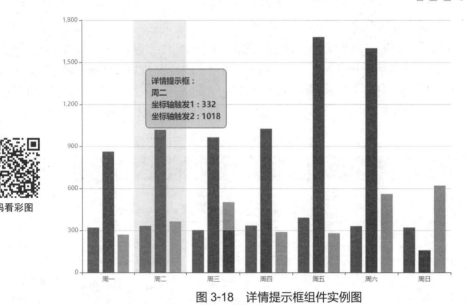

图 3-18　详情提示框组件实例图

在图 3-18 中，当鼠标指针滑过图表中的数据标签时，图表中出现了更为详细的信息。在 ECharts 中实现图 3-18 所示的图形绘制，如代码 3-8 所示。

代码 3-8　详情提示框组件实例的关键代码

```
var option = {
    tooltip: {   //配置提示框组件
        trigger: 'axis',
        axisPointer:
        {
            type: 'shadow',
            lineStyle: {
                color: '#48b', width: 2, type: 'solid'
            },
            crossStyle: {
                color: '#1e90ff', width: 1, type: 'dashed'
            },
            shadowStyle: {
                color: 'rgba(150,150,150,0.2)', width: 'auto', type:
'default'
            }
        },
        showDelay: 0, hideDelay: 0, transitionDuration: 0,
        backgroundColor: 'rgba(0,222,0,0.5)',
```

```
                borderColor: '#f50', borderRadius: 8, borderWidth: 2,
                padding: 10,
                position: function (p) {
                    //位置回调
                    //console.log && console.log(p);
                    return [p[0] + 10, p[1] - 10];
                },
                textStyle: {
                    color: 'blue', decoration: 'none', fontFamily: 'sans-serif',
                    fontSize: 15, fontStyle: 'normal', fontWeight: 'bold'
                },
                formatter: function (params, ticket, callback) {
                    console.log(params)
                    var res = '详情提示框 : <br/>' + params[0].name;
                    for (var i = 0, l = params.length; i < l; i++) {
                        res += '<br/>' + params[i].seriesName + ' : ' +
params[i].value;
                    }
                    setTimeout(function () {
                        //仅为了模拟异步回调
                        callback(ticket, res);
                    }, 500)
                    return 'loading';
                }
                //formatter: "Template  formatter: <br/>{b}<br/>{a}:{c}<br/>
{a1}:{c1}"
            },
        toolbox: {   //配置工具箱组件
            show: true,
            feature: {
                mark: { show: true }, dataView: { show: true, readOnly:
false },
                magicType: { show: true, type: ['line', 'bar', 'stack',
'tiled'] },
                restore: { show: true }, saveAsImage: { show: true }
            }
        },
        calculable: true,
        xAxis: {   //配置 x 轴坐标系
            data: ['周一', '周二', '周三', '周四', '周五', '周六', '周日']
        },
```

```
        yAxis: {   //配置 y 轴坐标系
            type: 'value'
        },
        series: [   //配置数据系列
            {   //设置数据系列 1
                name: '坐标轴触发 1', type: 'bar',
                data: [
                    { value: 320, extra: 'Hello~' },
                    332, 301, 334, 390, 330, 320
                ]
            },
            {   //设置数据系列 2
                name: '坐标轴触发 2', type: 'bar',
                data: [862, 1018, 964, 1026, 1679, 1600, 157]
            },
            {   //设置数据系列 3
                name: '数据项触发 1', type: 'bar',
                tooltip: {
                    trigger: 'item', backgroundColor: 'black', position: [0, 0],
                    formatter: "Series formatter: <br/>{a}<br/>{b}:{c}"
                },
                stack: '数据项',
                data: [
                    120, 132,
                    {
                        value: 301, itemStyle: { normal: { color: 'red' } },
                        tooltip: {
                            backgroundColor: 'blue',
                            formatter: "Data formatter: <br/>{a}<br/>{b}:{c}"
                        }
                    },
                    134, 90,
                    { value: 230, tooltip: { show: false } },
                    210
                ]
            },
            {   //设置数据系列 4
                name: '数据项触发 2', type: 'bar',
                tooltip: {
                    show: false, trigger: 'item'
                },
```

```
                    stack: '数据项', data: [150, 232, 201, 154, 190, 330, 410]
                }
            ]
        };
```

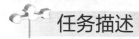

任务 **3.5**　标记点和标记线

任务描述

在一些折线图或柱状图当中，可以经常看到图中对最高值和最低值进行了标记。在 ECharts 中，标记点（markPoint）常用于表示最高值和最低值等数据，而有些图表中会有一个平行于 x 轴的、表示平均值等数据的虚线。在 ECharts 中，标记线（markLine）常用于展示平均值等。为了更好地观察数据中的最高值、最低值和平均值等数据，需要在图表中配置和使用标记点与标记线。

任务分析

（1）配置和使用标记点。

（2）配置和使用标记线。

3.5.1　标记点

在 ECharts 中，标记点有最大值、最小值、平均值的标记点，也可以是任意位置上的标记点，它需要在 series 字段下进行配置。标记点的各种属性如表 3-9 所示。

表 3-9　标记点的属性表

参数	默认值	描述
{boolean} clickable	true	数据图形是否可点击，如果没有click，则事件响应可以关闭
{Array} symbol 或{string} symbol	'pin'	标记点的类型，如果都一样，可以直接传 string
{Array} symbolSize、{number} symbolSize 或{Function} symbolSize	50	标记点大小
{Array} symbolRotate 或{number} symbolRotate	null	标记的旋转角度
boolean large	false	是否启用大规模标线模式
{Object} itemStyle	{...}	标记图形样式属性
{Array} data	[]	标记图形数据

3.5.2　标记线

ECharts 中的标记线是一条平行于 x 轴的水平线，有最大值、最小值、平均值等数据的标记线，它也是在 series 字段下进行配置的。标记线的各种属性如表 3-10 所示。

表 3-10　标记线的属性表

参数	默认值	描述
{boolean} clickable	true	数据图形是否可点击，如果没有 click，则事件响应可以关闭
{Array} symbol 或 {string} symbol	['circle', 'arrow']	标记线起始和结束的 symbol 介绍类型，默认循环选择类型有：'circle'、'rectangle'、'triangle'、'diamond'、'emptyCircle'、'emptyRectangle'、'emptyTriangle'、'emptyDiamond'
{Array} symbolSize 或 {number} symbolSize	[2, 4]	标记线起始和结束的 symbol 大小，半宽（半径）参数，如果都一样，则可以直接传 number
{Array} symbolRotate 或 {number} symbolRotate	null	标记线起始和结束的 symbol 旋转控制
{Object} itemStyle	{...}	标记线图形样式属性
{Array} data	[ ]	标记线的数据数组

利用某商场商品的销量数据绘制柱状图，并利用标记点和标记线标记出数据中的最大值、最小值和平均值，如图 3-19 所示。

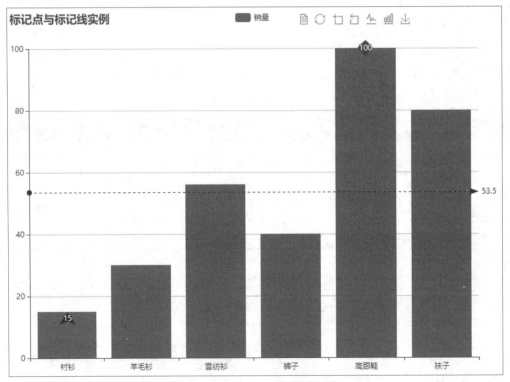

图 3-19　标记点、标记线实例图

从图 3-19 可以看出，图表中利用标记点标记出了数据中的最小值为 15，最大值为 100，并利用标记线标记出了数据中的平均值为 53.5。

在 ECharts 中实现图 3-19 所示的图形绘制，如代码 3-9 所示。

代码 3-9　标记点、标记线实例的关键代码

```
var option = {
    color: ['green', "red", 'blue', 'yellow', 'grey', '#FA8072'],
//使用自己预定义的颜色
    title: { //配置标题组件
        x: 55,
        text: '标记点与标记线实例',
    },
    toolbox: { //配置工具箱组件
        x: 520,
        show: true,
        feature: {
            dataView: { //设置数据视图
                show: true
            },
            restore: {
                show: true
            },
            dataZoom: { //设置区域缩放
                show: true
            },
            magicType: { //设置动态类型切换
                show: true,
                title: {
                    line: '动态类型切换-折线图',
                    bar: '动态类型切换-柱状图'
                },
                type: ['line', 'bar']
            },
            saveAsImage: { //保存图片
                show: true
            }
        }
    },
    tooltip: { //配置工具箱组件
        trigger: 'axis'
    },
    legend: { //配置图例组件
        data: ['销量']
    },
```

```
        xAxis: {   //配置 x 轴坐标系
            data: ["衬衫", "羊毛衫", "雪纺衫", "裤子", "高跟鞋", "袜子"]
        },
        yAxis: {},   //配置 y 轴坐标系
        series: [{   //配置数据系列
            name: '销量',
            type: 'bar',   //设置柱状图
            data: [15, 30, 56, 40, 100, 80],
            markPoint: {   //设置标记点
                data: [
                    {
                        type: 'max', name: '最大值', symbol: 'diamond',
symbolSize: 25,
                        itemStyle: {   //设置标记点的样式
                            normal: { color: 'red' }
                        },
                    },
                    {
                        type: 'min', name: '最小值', symbol: 'arrow',
symbolSize: 20,
                        itemStyle: {   //设置标记点的样式
                            normal: { color: 'blue' }
                        },
                    },
                ]
            },
            markLine: {   //设置标记线
                data: [
                    {
                        type: 'average', name: '平均值',
                        itemStyle:   //设置标记线的样式
                        {
                            normal: { borderType: 'dotted', color: 'darkred' }
                        },
                    }],
            }
        }]
    };
```

小结

本章介绍了 ECharts 官方文档的使用，还介绍了 ECharts 的基础框架和常用术语。此外，本章还介绍了 ECharts 图表中几种常用组件的配置和使用，包括网格组件、坐标轴组件、标题组件、图例组件、工具箱组件、详情提示框组件、标记点组件和标记线组件。

实训

实训　销售经理能力对比分析

1. 训练要点

（1）掌握直角坐标系下的网格及坐标轴的配置方法。

（2）掌握标题组件与图例组件的配置方法。

（3）掌握工具箱组件与详情提示框组件的配置方法。

（4）掌握标记点和标记线的配置方法。

2. 需求说明

"销售经理能力考核表.xlsx"文件上的数据为某公司对王斌、刘倩、袁波 3 个销售代表从多方面进行考核得到的评分数据，评分项具体包括销售、沟通、服务、协作、培训和组织。绘制柱状图，并配置直角坐标系下的网格及坐标轴、标题组件、图例组件、工具箱组件、详情提示框组件、标记点和标记线，实现更清晰、更便捷地分析销售经理的能力。

3. 实现思路及步骤

（1）在 Eclipse 中创建销售经理能力对比分析.html 文件。

（2）绘制柱状图。首先，在销售经理能力对比分析.html 文件中引入 echarts.js 库文件。其次，准备一个指定了大小的 div 容器，并使用 init()方法初始化容器。最后，设置柱状图的配置项、"销售经理能力考核表.xlsx"数据，完成柱状图绘制。

（3）配置网格及坐标轴。利用网格组件为绘制的柱状图设置网格边框和背景颜色，并利用坐标轴组件为坐标轴设置坐标轴刻度标记和坐标轴文本标签。

（4）配置标题组件和图例组件。利用标题组件在绘制的柱状图正上方设置红色字体的主标题"销售经理能力对比分析"，并利用图例组件在柱状图的左上角配置图例。

（5）配置工具箱组件和详情提示框组件。利用工具箱组件在绘制的柱状图右上角配置含有边框的工具箱，并利用详情提示框组件为绘制的柱状图配置详情提示框。

（6）配置标记点和标记线。利用标记点标记出考核评分中的最高分和最低分，并利用标记线标记出考核评分中的平均分。

第 **4** 章　**ECharts 中的其他图表**

第 2 章和第 3 章介绍了最常见的三大图表在 ECharts 中的制作、注意事项和常用组件的制作方法。本章将探讨另外一些常见图表在 ECharts 中的制作方法，包括散点图、气泡图、仪表盘、漏斗图或金字塔、雷达图、词云图和矩形树图等。

学习目标

（1）掌握 ECharts 中散点图的绘制方法。

（2）掌握 ECharts 中气泡图的绘制方法。

（3）掌握 ECharts 中仪表盘的绘制方法。

（4）掌握 ECharts 中漏斗图或金字塔的绘制方法。

（5）掌握 ECharts 中雷达图的绘制方法。

（6）掌握 ECharts 中词云图的绘制方法。

（7）掌握 ECharts 中矩形树图的绘制方法。

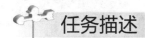

绘制散点图、气泡图

任务描述

在大数据时代，人们更关注数据之间的相关关系而非因果关系。散点图既能用来呈现数据点的分布，表现两个元素的相关性，又能像折线图一样表示时间推移下数据的发展趋势。为了更直观地查看男性与女性的身高、体重数据，1990 年和 2015 年各国人均寿命与GDP 的相关关系，以及城市 A、城市 B、城市 C 三个城市的空气污染指数之间的相关关系，需要在 ECharts 中绘制散点图和气泡图进行展示。

任务分析

（1）在 ECharts 中绘制散点图。

（2）在 ECharts 中绘制气泡图。

4.1.1　绘制散点图

散点图（Scatter）是由一些散乱的点组成的图表。因为其中点的位置是由其 x 值和 y 值确定的，所以也称其为 XY 散点图。

散点图又称散点分布图，是以一个变量为横坐标，另一变量为纵坐标，利用散点（坐标点）的分布形态反映变量统计关系的一种图形，因此，需要至少为每个散点提供两个数值。

散点图的特点是能直观表现出影响因素和预测对象之间的总体关系趋势，优点是能通过直观醒目的图形方式反映变量间关系的变化形态，以便决定用何种数学表达方式来模拟变量之间的关系。散点图的核心思想是研究，适用于发现变量间的关系与规律，不适用于清晰表达信息的场景。在默认情况下，散点图以圆点显示数据点。如果在散点图中有多个序列，那么可以考虑将每个点的标记更改为方形、三角形、菱形或其他形状。

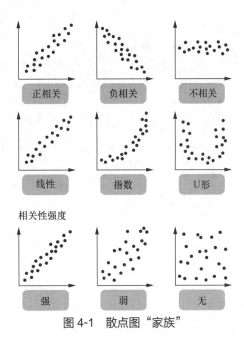

通过观察散点图上数据点的分布情况，可以推断出变量间的相关性。如果变量之间不存在相互关系，散点图上就会表现为随机分布的离散的点；如果存在某种相关性，那么大部分的数据点就会相对密集并以某种趋势呈现。数据的相关关系主要分为正相关（两个变量值同时增长）、负相关（一个变量值增长，另一个变量值下降）、不相关、线性相关、指数相关、U 形相关等，表现在散点图上的大致分布如图 4-1 所示。那些离点集群较远的点称为离群点或者异常点。

图 4-1　散点图"家族"

1. 绘制基本散点图

基本散点图可用于观察两个指标的关系。利用男性和女性的身高、体重数据观察身高和体重两者间的关系，如图 4-2 所示。

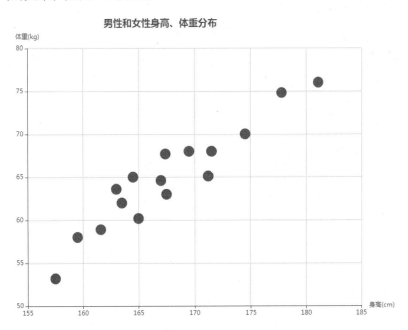

图 4-2　基本散点图

从图 4-2 中可以看出，身高与体重基本上呈现出一种正相关的关系，即身高越高，体重也相应增加。另外，还可以发现，身高主要集中在 1.62 米 ~ 1.72 米。

在 ECharts 中实现图 4-2 所示的图形绘制，如代码 4-1 所示。

代码 4-1　基本散点图的关键代码

```
var option = {
    title: { x: 222, text: '男性和女性身高、体重分布' },
    color: ['blue', 'green'],
    xAxis: { scale: true, name: '身高(cm)', color: 'red' },
    yAxis: { scale: true, name: '体重(kg)' },
    series: [{
        type: 'scatter', symbolSize: 20,
        data: [
            [167.0, 64.6], [177.8, 74.8], [159.5, 58.0], [169.5, 68.0],
            [163.0, 63.6], [157.5, 53.2], [164.5, 65.0], [163.5, 62.0],
            [171.2, 65.1], [161.6, 58.9], [167.4, 67.7], [167.5, 63.0],
            [181.1, 76.0], [165.0, 60.2], [174.5, 70.0], [171.5, 68.0],],
    }],
};
```

在代码 4-1 中，数组[167.0, 64.6]中的数据分别表示一个人的身高和体重。由于在代码中标识了 type: 'scatter'，所以 ECharts 会自动从这个数组中读取第一个元素 167.0 作为横坐标，第二个元素 64.6 作为纵坐标。

2. 绘制两个序列的散点图

与代码 4-1 中的实例不同的是，当将两个序列分别代表男性和女性的身高、体重时，得到的结果如图 4-3 所示。

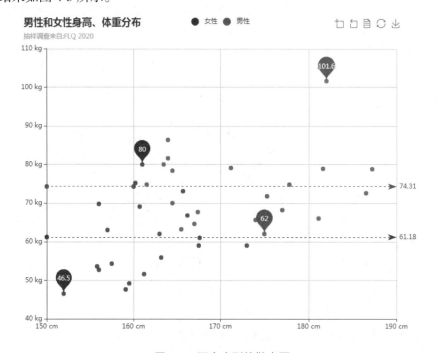

图 4-3　两个序列的散点图

在图 4-3 中，两种不同灰度分别表示男性和女性这两个不同序列的数据，并分别标记出了数据中男性和女性体重的最大值、最小值和平均值。

在 ECharts 中实现图 4-3 所示的图形绘制，如代码 4-2 所示。

代码 4-2　两个序列散点图的关键代码

```
var option = {
color: ['red', 'green'],
title: { x: 33, text: '男性和女性身高、体重分布', subtext: '抽样调查来自:FLQ
2020' },
legend: { data: ['女性', '男性'] },　//配置图例组件
toolbox: {　//配置工具箱组件
    x: 600, show: true,
    feature: {
        mark: { show: true },
        dataZoom: { show: true },
        dataView: { show: true, readOnly: false },
        restore: { show: true },
        saveAsImage: { show: true }
    }
},
xAxis: [{ type: 'value', scale: true, axisLabel: { formatter: '{value}
cm' } }],
yAxis: [{ type: 'value', scale: true, axisLabel: { formatter: '{value}
kg' } }],
series: [　//配置数据系列
    {　//设置女性数据
        name: '女性', type: 'scatter', symbolSize: 8,
        data: [[161.2, 51.6], [167.5, 59], [159.5, 49.2], [157, 63],
[155.8, 53.6],
            [173.0, 59], [159.1, 47.6], [156, 69.8], [166.2, 66.8],
[160.2, 75.2],
            [167.6, 61], [160.7, 69.1], [163.2, 55.9], [152, 46.5],
[157.5, 54.3],
            [156, 52.7], [160, 74.3], [163, 62], [165.7, 73.1], [161,
80]],
        markPoint: { data: [{ type: 'max', name: '最大值' }, { type:
'min', name: '最小值' }] },
        markLine: { data: [{ type: 'average', name: '平均值' }] }
    },
    {　//设置男性数据
        name: '男性', type: 'scatter', symbolSize: 8,
        data: [[174, 65.6], [175.3, 71.8], [163.5, 80], [186.5, 72.6],
```

```
[187.2, 78.8],
                    [167, 64.6], [177.8, 74.8], [164.5, 70], [182, 101.6], [165.5,
63.2],
                    [171.2, 79.1], [181.6, 78.9], [167.4, 67.7], [181.1, 66],
[177, 68.2],
                    [161.5, 74.8], [164.0, 86.4], [164.5, 78.4], [175, 62], [164,
81.6]],
                    markPoint: { data: [{ type: 'max', name: '最大值' }, { type:
'min', name: '最小值' }] },
                    markLine: { data: [{ type: 'average', name: '平均值' }] }
                }
            ]
        };
```

3. 绘制带涟漪特效的散点图

在 ECharts 中，使用 effectScatter 参数可以设置带有涟漪特效的 ECharts 散点（气泡）图。根据男性和女性的身高和体重数据进行动画特效设置可以将某些想要突出的数据进行视觉突出，如图 4-4 所示。

在图 4-4 中，分别对 [153.4, 42]、[172.7, 87.2]两个点设置了涟漪特效。其中涟漪特效的位置、大小、绘制方式等，可以根据自身的需求进行设置。

在 ECharts 中实现图 4-4 所示的图形绘制，如代码 4-3 所示。

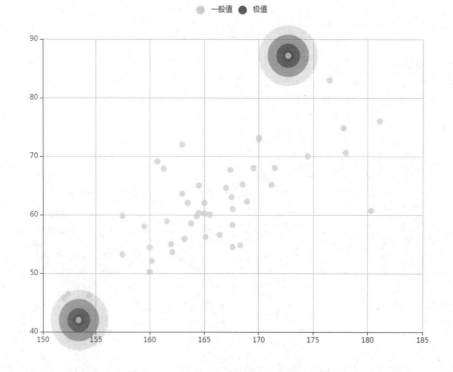

图 4-4　带涟漪特效的散点图

代码 4-3　带涟漪特效的散点图的关键代码

```
var option = {
    //指定图表的配置项和数据
    legend: { data: ['一般值', '极值'] },
    xAxis: { scale: true },
    yAxis: { scale: true },
    series: [{
        type: 'effectScatter',  //设置具有涟漪特效的散点图
        //设置图形是否不响应和触发鼠标事件，默认为 false，即响应和触发鼠标事件
        silent: false,
        //设置系列名称，用于 legend 的图例筛选
        //在 setOption 更新数据和配置项时用于指定对应的系列
        name: '极值',
        legendHoverLink: false,  //设置是否启用图例 hover 时的联动高亮
        hoverAnimation: false,   //设置是否开启鼠标 hover 的提示动画效果
        effectType: 'ripple',   //设置特效类型，目前只支持涟漪特效'ripple'
        //设置何时显示特效，'render'绘制完成后显示特效，'emphasis'高亮(hover)的时候显
示特效
        showEffectOn: 'render',
        rippleEffect: {  //设置涟漪特效
            period: 2,   //设置动画的时间，数字越小，动画越快
            scale: 5.5,  //设置动画中波纹的最大缩放比例
            brushType: 'fill',  //设置波纹的绘制方式，可选'stroke'和'fill'
        },
        symbolSize: 20,  //设置特效散点图符号的大小
        color: 'green',
        data: [  //设置特效散点图的数据值
            [172.7, 87.2],
            [153.4, 42]]
    },
    {
    name: '一般值', type: 'scatter',color: '#FFCCCC',
    data: [[167.0, 64.6], [177.8, 74.8], [159.5, 58.0], [169.5, 68.0], [152.0,
45.8],
        [163.0, 63.6], [157.5, 53.2], [164.5, 65.0], [163.5, 62.0], [166.4,
56.6],
        [171.2, 65.1], [161.6, 58.9], [167.4, 67.7], [167.5, 63.0], [168.5,
65.2],
        [181.1, 76.0], [165.0, 60.2], [174.5, 70.0], [171.5, 68.0], [163.0,
72.0],
        [154.4, 46.2], [162.0, 55.0], [176.5, 83.0], [160.0, 54.4], [164.3,
59.8],
        [162.1, 53.6], [170.0, 73.2], [160.2, 52.1], [161.3, 67.9], [178.0,
70.6],
        [168.9, 62.3], [163.8, 58.5], [167.6, 54.5], [160.0, 50.2], [172.7,
87.2],
```

```
                    [167.6, 58.3], [165.1, 56.2], [160.0, 50.2], [170.0, 72.9], [157.5,
            59.8],
                    [167.6, 61.0], [160.7, 69.1], [163.2, 55.9], [152.4, 46.5], [153.4, 42],
                    [168.3, 54.8], [180.3, 60.7], [165.5, 60.0], [165.0, 62.0], [164.5,
            60.3]],
                }]
            };
```

在代码 4-3 中，设置 type 的值为 effectScatter，可以设置带有涟漪特效的 ECharts 散点（气泡）图。还有一些其他的配套设置项，用于设置涟漪特效的其他显示效果。

4.1.2 绘制气泡图

4.1.1 小节中介绍过的散点图只含有两个变量。如果还想要再增加变量，可以使用点的大小来表示。因为图中包含大小不一致的点，像气泡一样，所以称这种图为气泡图（bubble）。因此，气泡图与散点图的不同是，气泡图是在基础散点图上添加一个维度，即用气泡大小表示一个新的维度。因此，二者最直观的区别在于：散点图中的数据点大小一样，气泡图中的气泡却大小各不相同。

1. 绘制标准气泡图

标准气泡图可用于观察 3 个指标的关系。利用由系统使用随机函数自动生成的 100 个元素来观察每个元素中 3 个指标的关系，如图 4-5 所示。

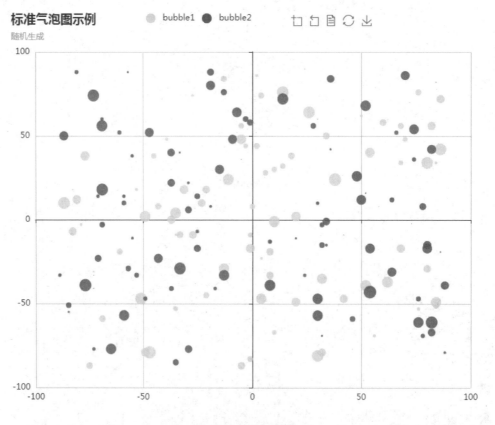

图 4-5　标准气泡图

在图 4-5 中，出现了两种灰度的气泡，分别为 bubble1 和 bubble2，并且每一个气泡的大小都不相同。

在 ECharts 中实现图 4-5 所示的图形绘制，如代码 4-4 所示。

代码 4-4 标准气泡图的关键代码

```
function random() {  //生成一个范围在(-90,90)的随机数函数
    var r = Math.round(Math.random() * 90);
    return (r * (r % 2 == 0 ? 1 : -1));  //返回一个值在(-90,90)的随机数
}
//生成有100个元素的数组，每个元素有3个数值，数组中前两个元素的值的范围在(-90,90)
//第三个元素的值是表示气泡大小的随机数，其范围是[0,90)
function randomDataArray() {
    var d = [];
    var len = 100;
    while (len--) {
        d.push([random(), random(), Math.abs(random()),]);
    }
    return d;
}
var option = {
    color: ['#FFCCCC', 'green'],  //配置气泡的颜色系列
    title: {  //配置标题组件
        x: 40, text: '标准气泡图示例', subtext: "随机生成"
    },
    tooltip: {  //配置提示框组件
        trigger: 'axis', showDelay: 0,
        axisPointer: {
            show: true, type: 'cross',
            lineStyle: { type: 'dashed', width: 1 }
        }
    },
    legend: { x: 240, data: ['bubble1', 'bubble2'] },  //配置图例组件
    toolbox: {  //配置工具箱组件
        show: true, x: 450,
        feature: {
            mark: { show: true }, dataZoom: { show: true },
            dataView: { show: true, readOnly: false },
            restore: { show: true }, saveAsImage: { show: true }
        }
    },
    xAxis: [{ type: 'value', splitNumber: 4, scale: true }],
```

```
        yAxis: [{ type: 'value', splitNumber: 4, scale: true }],
        series: [  //配置数据系列
            {  //设置数据系列中的第 1 类气泡 bubble1
                name: 'bubble1', type: 'scatter', symbol: 'circle',
                symbolSize: function (value) { return Math.round(value[2] /
5); },

                data: randomDataArray()
            },
            {  //设置数据系列中的第 2 类气泡 bubble2
                name: 'bubble2', type: 'scatter', symbol: 'circle',
                symbolSize: function (value) { return Math.round(value[2] /
5); },

                data: randomDataArray()
            }]
    };
```

在代码 4-4 中，共有两组气泡数组 bubble1 和 bubble2。每组气泡数组中有 100 个元素，数组中每个元素具有 3 个数值。这 3 个数值是由系统使用随机函数自动生成的，元素的前两个值为范围在（−90,90）的随机数，用于表示数据的位置；元素的第 3 个值是范围为[0,90）的随机数，用于表示气泡的大小。

2. 绘制各国人均寿命与 GDP 气泡图

利用 1990 年和 2015 年各国人均寿命与 GDP 数据，观察人均 GDP、人均寿命、总人口、国家名称和年份 5 个指标的关系，如图 4-6 所示。

在图 4-6 中，横坐标表示人均 GDP，纵坐标表示人均寿命，圆圈的大小表示该国的人口数量，不同灰度代表着年份。当鼠标指针指向图 4-6 中的某个圆圈时，就会在圆圈的上面显示这个圆圈所代表的国家和所对应的年份。

在 ECharts 中实现图 4-6 所示的图形绘制，如代码 4-5 所示。

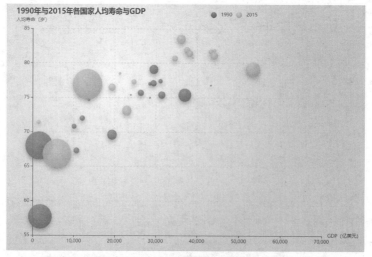

图 4-6　1990 年与 2015 年各国人均寿命与 GDP 气泡图

代码 4-5　各国人均寿命与 GDP 气泡图的关键代码

```
var data = [
    [[28604, 77, 17096869, 'A', 1990], [31163, 77.4, 27662440, 'B', 1990],
    [1516, 68, 1154605773, 'C', 1990], [13670, 74.7, 10582082, 'D', 1990],
    [28599, 75, 4986705, 'E', 1990], [29476, 77.1, 56943299, 'F', 1990],
    [31476, 75.4, 78958237, 'G', 1990], [28666, 78.1, 254830, 'H', 1990],
    [1777, 57.7, 870601776, 'I', 1990], [29550, 79.1, 122249285, 'J', 1990],
    [2076, 67.9, 20194354, 'K', 1990], [12087, 72, 42972254, 'L', 1990],
    [24021, 75.4, 3397534, 'M', 1990], [43296, 76.8, 4240375, 'N', 1990],
    [10088, 70.8, 38195258, 'O', 1990], [19349, 69.6, 147568552, 'P', 1990],
    [10670, 67.3, 53994605, 'Q', 1990], [26424, 75.7, 57110117, 'R', 1990],
    [37062, 75.4, 252847810, 'S', 1990]],
    [[44056, 81.8, 23968973, 'A', 2015], [43294, 81.7, 35939927, 'B', 2015],
    [13334, 76.9, 1376048943, 'C', 2015], [21291, 78.5, 11389562, 'D', 2015],
    [38923, 80.8, 5503457, 'E', 2015], [37599, 81.9, 64395345, 'F', 2015],
    [44053, 81.1, 80688545, 'G', 2015], [42182, 82.8, 329425, 'H', 2015],
    [5903, 66.8, 1311050527, 'I', 2015], [36162, 83.5, 126573481, 'J', 2015],
    [1390, 71.4, 25155317, 'K', 2015], [34644, 80.7, 50293439, 'L', 2015],
    [34186, 80.6, 4528526, 'M', 2015], [64304, 81.6, 5210967, 'N', 2015],
    [24787, 77.3, 38611794, 'O', 2015], [23038, 73.13, 143456918, 'P', 2015],
    [19360, 76.5, 78665830, 'Q', 2015], [38225, 81.4, 64715810, 'R', 2015],
    [53354, 79.1, 321773631, 'S', 2015]]];
var option = {
    backgroundColor: new echarts.graphic.RadialGradient(0.3, 0.3, 0.8, [
        { offset: 0, color: '#f7f8fa' },
        { offset: 1, color: '#cdd0d5' }]),
    title: { x: 20, y: 10, text: '1990 年与 2015 年各国家人均寿命与 GDP' },
    legend: { x: 510, y: 14, right: 10, data: ['1990', '2015'] },
    grid: {
        top: '10%',    // 组件离容器上侧的距离，百分比字符串或整型数字
        left: '5%',     // 组件离容器左侧的距离，百分比字符串或整型数字
        right: '12%',
        bottom: '3%',
        containLabel: true  // grid 区域是否包含坐标轴的刻度标签
    },
    xAxis: { splitLine: { lineStyle: { type: 'dashed' } } , name: 'GDP（亿
美元）'},
    yAxis: { splitLine: { lineStyle: { type: 'dashed' } }, scale: true ,
name: '人均寿命（岁）' },
    series: [{
        name: '1990', data: data[0], type: 'scatter',
```

```
            symbolSize: function (data) { return Math.sqrt(data[2]) / 5e2; },
            label: {
                emphasis: {
                    show: true, position: 'top',
                    formatter: function (param) { return (param.data[3] + "," +
param.data[4]); }
                }
            },
            itemStyle: {
                normal: {
                    shadowBlur: 10, shadowOffsetY: 5,
                    shadowColor: 'rgba(120, 36, 50, 0.5)',
                    color: new echarts.graphic.RadialGradient(0.4, 0.3, 1, [{
                        offset: 0, color: 'rgb(251, 118, 123)'
                    }, {
                        offset: 1, color: 'rgb(204, 46, 72)'
                    }])
                }
            }
        },
        {
            name: '2015', data: data[1], type: 'scatter',
            symbolSize: function (data) { return Math.sqrt(data[2]) / 5e2; },
            label: {
                emphasis: {
                    show: true, position: 'top',
                    formatter: function (param) { return (param.data[3] + "," +
param.data[4]); }
                }
            },
            itemStyle: {
                normal: {
                    shadowBlur: 10, shadowOffsetY: 5,
                    shadowColor: 'rgba(25, 100, 150, 0.5)',
                    color: new echarts.graphic.RadialGradient(0.4, 0.3, 1, [
                        { offset: 0, color: 'rgb(129, 227, 238)' },
                        { offset: 1, color: 'rgb(25, 183, 207)' }])
                }
            }
        }]
    };
```

在代码 4-5 中，每一组数据的具体含义为：[人均 GDP，人均寿命，总人口，国家名称，年份]。此外，在代码 4-5 中能够自动利用数据每个元素中的前两项来表示每个圆圈中心点的坐标位置，前两项即该点的横坐标、纵坐标，圆圈的大小则由第 3 个数据（总人口）换算后来表示。

3. 绘制城市 A、城市 B、城市 C 三个城市空气污染指数气泡图

利用城市 A、城市 B、城市 C 三个城市的空气污染指数数据，观察 AQI 指数（空气质量指数）、PM2.5、二氧化硫（SO_2）等指标的关系，如图 4-7 所示。

在图 4-7 中，横坐标表示当月的天数，纵坐标表示 AQI 指数，圆圈的大小表示当天 PM2.5 的值，圆圈的明暗代表当天二氧化硫的值。当鼠标指针指向图 4-7 中的某个圆圈时，就会显示这个城市当天空气污染指数的各种不同数值。

在 ECharts 中实现图 4-7 所示的图形绘制，如代码 4-6 所示。

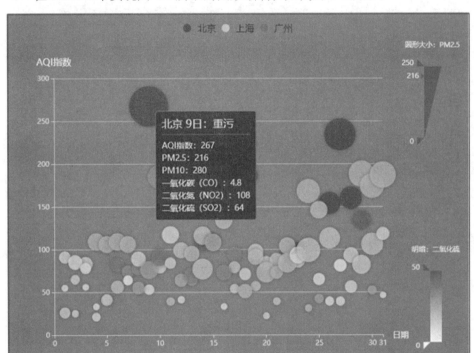

扫码看彩图

图 4-7　城市 A、城市 B、城市 C 三个城市空气污染指数气泡图

代码 4-6　城市 A、城市 B、城市 C 三个城市空气污染指数气泡图的关键代码

```
var dataBJ = [   //城市A的空气污染指数数据
    [1, 55, 9, 56, 0.46, 18, 6, "良"], [2, 25, 11, 21, 0.65, 34, 9, "优"],
    [3, 56, 7, 63, 0.3, 14, 5, "良"], [4, 33, 7, 29, 0.33, 16, 6, "优"],
    [5, 42, 24, 44, 0.76, 40, 16, "优"], [6, 82, 58, 90, 1.77, 68, 33, "良"],
    [7, 74, 49, 77, 1.46, 48, 27, "良"], [8, 78, 55, 80, 1.29, 59, 29, "良"],
    [9, 267, 216, 280, 4.8, 108, 64, "重污"], [10, 185, 127, 216, 2.52, 61,
27, "中污"],
    [11, 39, 19, 38, 0.57, 31, 15, "优"], [12, 41, 11, 40, 0.43, 21, 7, "优"],
```

```
        [13, 64, 38, 74, 1.04, 46, 22, "良"], [14, 108, 79, 120, 1.7, 75, 41,
"轻污"],
        [15, 108, 63, 116, 1.48, 44, 26, "轻污"], [16, 33, 6, 29, 0.34, 13, 5,
"优"],
        [17, 94, 66, 110, 1.54, 62, 31, "良"], [18, 186, 142, 192, 3.88, 93, 79,
"中污"],
        [19, 57, 31, 54, 0.96, 32, 14, "良"], [20, 22, 8, 17, 0.48, 23, 10,
"优"],
        [21, 39, 15, 36, 0.61, 29, 13, "优"], [22, 94, 69, 114, 2.08, 73, 39,
"良"],
        [23, 99, 73, 110, 2.43, 76, 48, "良"], [24, 31, 12, 30, 0.5, 32, 16,
"优"],
        [25, 42, 27, 43, 1, 53, 22, "优"], [26, 154, 117, 157, 3.05, 92, 58,
"中污"],
        [27, 234, 185, 230, 4.1, 123, 69, "重污"], [28, 160, 120, 186, 2.77, 91,
50, "中污"],
        [29, 134, 96, 165, 2.76, 83, 41, "轻污"], [30, 52, 24, 60, 1.03, 50, 21,
"良"],
        [31, 46, 5, 49, 0.28, 10, 6, "优"]];
    var dataGZ = [   //城市 B 的空气污染指数数据
        [1, 26, 37, 27, 1.163, 27, 13, "优"], [2, 85, 62, 71, 1.195, 60, 8, "良"],
        [3, 78, 38, 74, 1.363, 37, 7, "良"], [4, 21, 21, 36, 0.634, 40, 9, "优"],
        [5, 41, 42, 46, 0.915, 81, 13, "优"], [6, 56, 52, 69, 1.067, 92, 16, "良"],
        [7, 64, 30, 28, 0.924, 51, 2, "良"], [8, 55, 48, 74, 1.236, 75, 26, "良"],
        [9, 76, 85, 113, 1.237, 114, 27, "良"], [10, 91, 81, 104, 1.041, 56, 40,
"良"],
        [11, 84, 39, 60, 0.964, 25, 11, "良"], [12, 64, 51, 101, 0.862, 58, 23,
"良"],
        [13, 70, 69, 120, 1.198, 65, 36, "良"], [14, 77, 105, 178, 2.549, 64,
16, "良"],
        [15, 109, 68, 87, 0.996, 74, 29, "轻污"], [16, 73, 68, 97, 0.905, 51,
34, "良"],
        [17, 54, 27, 47, 0.592, 53, 12, "良"], [18, 51, 61, 97, 0.811, 65, 19,
"良"],
        [19, 91, 71, 121, 1.374, 43, 18, "良"], [20, 73, 102, 182, 2.787, 44,
19, "良"],
        [21, 73, 50, 76, 0.717, 31, 20, "良"], [22, 84, 94, 140, 2.238, 68, 18,
"良"],
        [23, 93, 77, 104, 1.165, 53, 7, "良"], [24, 99, 130, 227, 3.97, 55, 15,
"良"],
        [25, 146, 84, 139, 1.094, 40, 17, "轻污"], [26, 113, 108, 137, 1.481,
```

```
48, 15, "轻污"],
        [27, 81, 48, 62, 1.619, 26, 3, "良"], [28, 56, 48, 68, 1.336, 37, 9, "良"],
        [29, 82, 92, 174, 3.29, 0, 13, "良"], [30, 106, 116, 188, 3.628, 101,
16, "轻污"],
        [31, 118, 50, 0, 1.383, 76, 11, "轻污"]];
    var dataSH = [   //城市 C 的空气污染指数数据
        [1, 91, 45, 125, 0.82, 34, 23, "良"], [2, 65, 27, 78, 0.86, 45, 29, "良"],
        [3, 83, 60, 84, 1.09, 73, 27, "良"], [4, 109, 81, 121, 1.28, 68, 51, "
轻污"],
        [5, 106, 77, 114, 1.07, 55, 51, "轻污"], [6, 109, 81, 121, 1.28, 68, 51,
"轻污"],
        [7, 106, 77, 114, 1.07, 55, 51, "轻污"], [8, 89, 65, 78, 0.86, 51, 26,
"良"],
        [9, 53, 33, 47, 0.64, 50, 17, "良"], [10, 80, 55, 80, 1.01, 75, 24, "良"],
        [11, 117, 81, 124, 1.03, 45, 24, "轻污"], [12, 99, 71, 142, 1.1, 62, 42,
"良"],
        [13, 95, 69, 130, 1.28, 74, 50, "良"], [14, 116, 87, 131, 1.47, 84, 40,
"轻污"],
        [15, 108, 80, 121, 1.3, 85, 37, "轻污"], [16, 134, 83, 167, 1.16, 57,
43, "轻污"],
        [17, 79, 43, 107, 1.05, 59, 37, "良"], [18, 71, 46, 89, 0.86, 64, 25,
"良"],
        [19, 97, 71, 113, 1.17, 88, 31, "良"], [20, 84, 57, 91, 0.85, 55, 31,
"良"],
        [21, 87, 63, 101, 0.9, 56, 41, "良"], [22, 104, 77, 119, 1.09, 73, 48,
"轻污"],
        [23, 87, 62, 100, 1, 72, 28, "良"], [24, 168, 128, 172, 1.49, 97, 56,
"中污"],
        [25, 65, 45, 51, 0.74, 39, 17, "良"], [26, 39, 24, 38, 0.61, 47, 17, "优"],
        [27, 39, 24, 39, 0.59, 50, 19, "优"], [28, 93, 68, 96, 1.05, 79, 29, "良"],
        [29, 188, 143, 197, 1.66, 99, 51, "中污"], [30, 174, 131, 174, 1.55, 108,
50, "中污"],
        [31, 187, 143, 201, 1.39, 89, 53, "中污"]];
    var schema = [   //定义数据的模式
        { name: 'date', index: 0, text: '日' },
        { name: 'AQIindex', index: 1, text: 'AQI 指数' },
        { name: 'PM25', index: 2, text: 'PM2.5' },
        { name: 'PM10', index: 3, text: 'PM10' },
        { name: 'CO', index: 4, text: '一氧化碳（CO）' },
        { name: 'NO2', index: 5, text: '二氧化氮（NO2）' },
        { name: 'SO2', index: 6, text: '二氧化硫（SO2）' }];
```

```
    var myitemStyle = {   //自定义数据项样式
        normal: {
            opacity: 0.8, shadowBlur: 10, shadowOffsetX: 0,
            shadowOffsetY: 0, shadowColor: 'rgba(0, 0, 0, 0.5)'
        }
    };
    var option = {   //指定图表的配置项和数据
        color: ['red', '#fec42c', '#4169E1'],
        legend: {   //配置图例组件
            y: 11, data: ['城市 A', '城市 B', '城市 C'],
            textStyle: { color: 'black', fontSize: 16 }
        },
        grid: { x: '10%', x2: 150, y: '18%', y2: '10%' },   //配置网格组件
        tooltip: {   //配置工具箱组件
            padding: 10, backgroundColor: '#222',
            borderColor: '#777', borderWidth: 1,
            formatter: function (obj) {
                var value = obj.value;
                return   '<div  style="border-bottom:1px  solid  rgba(255,255,
255,.3);\
                font-size:18px;padding-bottom:7px;margin-bottom:7px">'
                    + obj.seriesName + ' ' + value[0] + '日: ' + value[7] + '</div>'
                    + schema[1].text + ': ' + value[1] + '<br>'
                    + schema[2].text + ': ' + value[2] + '<br>'
                    + schema[3].text + ': ' + value[3] + '<br>'
                    + schema[4].text + ': ' + value[4] + '<br>'
                    + schema[5].text + ': ' + value[5] + '<br>'
                    + schema[6].text + ': ' + value[6] + '<br>';
            }
        },
        xAxis: {   //配置 x 轴坐标系
            type: 'value', name: '日期', nameGap: 16,
            nameTextStyle: { color: 'black', fontSize: 14 },
            max: 31, splitLine: { show: false },
            axisLine: { lineStyle: { color: 'black' } }
        },
        yAxis: {   //配置 y 轴坐标系
            type: 'value', name: 'AQI 指数', nameLocation: 'end', nameGap: 20,
            nameTextStyle: { color: 'black', fontSize: 16 },
            axisLine: { lineStyle: { color: 'black' } },
            splitLine: { show: true }
```

```
        },
        visualMap: [   //配置视觉映射组件
            {
                left: 678, top: '7%', dimension: 2, min: 0,
                max: 250, itemWidth: 30, itemHeight: 120, calculable: true,
                precision: 0.1, text: ['圆圈大小：PM2.5'], textGap: 30,
                textStyle: { color: 'black' },
                inRange: { symbolSize: [10, 70] },
                outOfRange: { symbolSize: [10, 70], color: ['rgba(255,255,
255,.2)'] },
                controller: { inRange: { color: ['#c23531'] }, outOfRange:
{ color: ['#444'] } }
            },
            {
                left: 695, bottom: '2%', dimension: 6, min: 0,
                max: 50, itemHeight: 120, calculable: true, precision: 0.1,
                text: ['明暗：二氧化硫'], textGap: 30,
                textStyle: { color: 'black' }, inRange: { colorLightness: [1,
0.5] },
                outOfRange: { color: ['rgba(255,255,255,.2)'] },
                controller: { inRange: { color: ['#c23531'] }, outOfRange:
{ color: ['#444'] } }
            }
        ],
        series: [   //配置指定数据系列
            { name: '城市 A', type: 'scatter', itemStyle: myitemStyle, data:
dataBJ },
            { name: '城市 B', type: 'scatter', itemStyle: myitemStyle, data:
dataSH, },
            { name: '城市 C', type: 'scatter', itemStyle: myitemStyle, data:
dataGZ, }]
        };
```

在代码 4-6 中，每一组数据的具体含义为：[日期，AQI 指数，$PM_{2.5}$，PM_{10}，一氧化碳（CO），二氧化氮（NO_2），二氧化硫（SO_2），空气质量等级]。此外，在代码 4-6 中能够自动利用数据每个元素中的前两项来表示每个圆圈中心点的坐标位置，前两项即该点的横坐标、纵坐标，圆圈的大小由第 3 个数据（$PM_{2.5}$）来表示。

由 4.1.1～4.1.2 小节介绍的散点图和气泡图可知：在绘制散点图时使用大规模数据得到的绘制效果将会较好；对散点图添加一些标记或特效，可以增强散点图的可读性；气泡图适用于研究 3 个变量之间的相关关系和分布情况，其中不同的气泡大小对增强特定值的视觉效果有较好的成效。

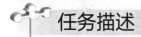 绘制仪表盘

![任务描述] **任务描述**

仪表盘（Gauge）也被称为拨号图表或速度表图，用于显示类似于速度计上的读数的数据，是一种拟物化的展示形式。仪表盘是常用的商业智能（BI）类的图表之一，可以轻松展示用户的数据，并能清晰地展示出某个指标值所在的范围。为了更直观地查看项目的实际完成率数据，以及汽车的速度、发动机的转速、油表和水表的现状等，需要在 ECharts 中绘制单仪表盘和多仪表盘进行展示。

![任务分析] **任务分析**

（1）在 ECharts 中绘制单仪表盘。

（2）在 ECharts 中绘制多仪表盘。

4.2.1 绘制单仪表盘

ECharts 的主要创始者林峰表示，他在一次漫长的拥堵当中，有机会观察和思考仪表盘的问题，并突然意识到仪表盘不仅是在传达数据，还能传达出一种易于记忆的状态，并且影响人的情绪，这种正面或负面的情绪影响对决策运营有一定的帮助。

仪表盘的颜色可以用于划分指标值的类别，而刻度标识、指针指示维度、指针角度则可用于表示数值。绘制仪表盘时，只需分配最小值和最大值，并定义一个颜色范围，指针将显示出关键指标的数据或当前进度。仪表盘可用于表示速度、体积、温度、进度、完成率、满意度等。

利用项目实际完成率数据观察项目的完成情况，如图 4-8 所示。

图 4-8　单仪表盘实例

在图 4-8 中，使用 3 种不同的灰度表示项目的实际完成情况。其中，左下角区域提示项目实际完成率过低，而变动的指针与下方随之变动的数字同时指示出当前的实际完成率。

在 ECharts 中实现图 4-8 所示的图形绘制，如代码 4-7 所示。

代码 4-7　单仪表盘的关键代码

```
var color1 = [[0.2, "rgba(255,0,0,1)"], [0.8, "rgba(0,255,255,1)"], [1,
"rgba(0,255,0,1)"]];
var data1 = [{
    name: "完成率(%)",
    value: 50,
}];
var option = {　//指定图表的配置项和数据
    backgroundColor: 'rgba(128, 128, 128, 0.1)',　//rgba 设置透明度为 0.1
    tooltip: {　//配置提示框组件
        show: true,
        formatter: "{b}: {c}%",
        backgroundColor: "rgba(255,0,0,0.8)",　//设置提示框浮层的背景颜色
        borderColor: "#333",　//设置提示框浮层的边框颜色
        borderWidth: 0,　//设置提示框浮层的边框宽
        padding: 5,　//设置提示框浮层内边距，单位为 px，默认各方向内边距为 5
        textStyle: {　//设置提示框浮层的文本样式
            //color,fontStyle,fontWeight,fontFamily,fontSize,lineHeight
        },
    },
    title: {　//配置标题组件
        text: '项目实际完成率(%)',
        x: 'center', y: 25,
        show: true,　//设置是否显示标题，默认为 true
        //设置相对于仪表盘中心的偏移位置
        //数组第一项是水平方向的偏移，第二项是垂直方向的偏移
        offsetCenter: [50, "20%"],
        textStyle: {
            fontFamily: "黑体",　//设置字体名称，默认为宋体
            color: "blue",　//设置字体颜色，默认为#333
            fontSize: 20,　//设置字体大小，默认为 15
        }
    },
    series: [
        {
            name: "单仪表盘示例",　//设置系列名称，用于 tooltip 的显示、legend 的图
```

例筛选

```
            type: "gauge",  //设置系列类型
            radius: "80%",  //设置参数，仪表盘半径，默认为75%
            center: ["50%", "55%"],  //设置仪表盘位置（圆心坐标）
            startAngle: 225,  //设置仪表盘起始角度，默认为225
            endAngle: -45,  //设置仪表盘结束角度，默认为-45
            clockwise: true,  //设置仪表盘刻度是否是顺时针增长，默认为true
            min: 0,  //设置最小的数据值，默认为0，映射到minAngle
            max: 100,  //设置最大的数据值，默认为100，映射到maxAngle
            splitNumber: 10,  //设置仪表盘刻度的分割段数，默认为10
            axisLine: {  //设置仪表盘轴线（轮廓线）相关配置
                show: true,  //设置是否显示仪表盘轴线（轮廓线），默认为true
                lineStyle: {  //设置仪表盘轴线样式
                    color: color1,  //设置仪表盘的轴线可以被分成不同颜色的多段
                    //设置图形透明度，支持从0到1的数字，为0时不绘制该图形
                    opacity: 1,
                    width: 30,  //设置轴线宽度，默认为30
                    shadowBlur: 20,  //设置图形阴影（发光效果）的模糊大小
                    shadowColor: "#fff",  //设置阴影颜色，支持的格式同color
                }
            },
            splitLine: {  //设置分隔线样式
                show: true,  //设置是否显示分隔线，默认为true
                length: 30,  //设置分隔线线长，支持相对半径的百分比，默认为30
                lineStyle: {  //设置分隔线样式
                    color: "#eee",  //设置线的颜色，默认为#eee
                    //设置图形透明度，支持从0到1的数字，为0时不绘制该图形
                    opacity: 1,
                    width: 2,  //设置线的宽度，默认为2
                    type: "solid",  //设置线的类型，默认为solid，此外还有dashed、
dotted
                    shadowBlur: 10,  //设置图形阴影（发光效果）的模糊大小
                    shadowColor: "#fff",  //设置阴影颜色，支持的格式同color
                }
            },
            axisTick: {  //设置刻度（线）样式
                show: true,  //设置是否显示刻度（线），默认为true
                splitNumber: 5,  //设置两条分隔线之间分割的刻度数，默认为5
                length: 8,  //设置刻度线线长，支持相对半径的百分比，默认为8
                lineStyle: {  //设置刻度线样式
                    color: "#eee",  //设置线的颜色，默认为#eee
                    opacity: 1,  //设置图形透明度，支持从0到1的数字，为0时不绘制
```

该图形

```
                    width: 1,  //设置线的宽度，默认为1
                    type: "solid",  //设置线的类型，默认为solid，此外还有dashed、
dotted
                    shadowBlur: 10,  //设置图形阴影（发光效果）的模糊大小
                    shadowColor: "#fff",  //设置阴影颜色，支持的格式同color
                },
            },
            axisLabel: {  //设置刻度标签
                show: true,  //设置是否显示标签，默认为true
                distance: 25,  //设置标签与刻度线的距离，默认为5
                color: "blue",  //设置文字的颜色
                fontSize: 32,  //设置文字的字体大小，默认为5
                //设置刻度标签的内容格式器，支持字符串模板和回调函数两种形式
                formatter: "{value}",
            },
            pointer: {  //设置仪表盘指针
                show: true,  //设置是否显示指针，默认为true
                //设置指针长度，指针长度可以是绝对值，也可以是相对于半径的百分比，默认
为80%
                length: "70%",
                width: 9,  //设置指针宽度，默认为8
            },
            itemStyle: {  //设置仪表盘指针样式
                color: "auto",  //设置指针颜色，默认（auto）取数值所在的区间的颜色
                opacity:1,  //设置图形透明度，支持从0到1的数字，为0时不绘制该图形
                borderWidth: 0,  //设置描边线宽，默认为0，为0时无描边
                //设置柱条的描边类型，默认为实线，支持solid、dashed、dotted
                borderType: "solid",
                borderColor: "#000",  //设置图形的描边颜色，默认为#000，不支持回
调函数
                shadowBlur: 10,  //设置图形阴影（发光效果）的模糊大小
                shadowColor: "#fff",  //设置阴影颜色，支持的格式同color
            },
            emphasis: {  //设置高亮的仪表盘指针样式
                itemStyle: {
                    //高亮和正常，两者具有同样的配置项，只是在不同状态下配置项的值不同
                }
            },
            detail: {  //设置仪表盘详情，用于显示数据
                show: true,  //设置是否显示详情，默认为true
```

```
                    offsetCenter: [0, "50%"],  //设置相对于仪表盘中心的偏移位置
                    color: "auto",  //设置文字的颜色，默认为 auto
                    fontSize: 30,  //设置文字的字体大小，默认为 15
                    formatter: "{value}%",  //格式化函数或者字符串
                },
                data: data1
            }
        ]
    };
    setInterval(function () {
        option.series[0].data[0].value = (Math.random() * 100).toFixed(2);
        myChart.setOption(option, true);  //使用指定的配置项和数据显示图表
    }, 2000);  //每 2 秒重新渲染一次，以实现动态效果
```

在代码 4-7 的最后一段，使用了一个 setInterval(function())，每间隔 2 秒重新渲染一次，以实现动态的效果。

4.2.2　绘制多仪表盘

4.2.1 小节介绍的单仪表盘相对比较简单，只能表示一类事物的范围情况。如果需要同时表现几类不同事物的范围情况，应该使用多仪表盘进行展示。利用汽车的速度、发动机的转速、油表和水表的数据展示汽车的现状，如图 4-9 所示。

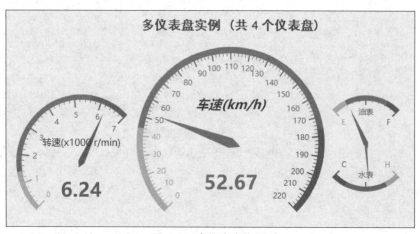

图 4-9　多仪表盘实例

在图 4-9 中共有 4 种不同的仪表盘：左边为转速仪表盘，中间为车速仪表盘，右边并列了油表仪表盘和水表仪表盘。其中每个仪表的深灰区域提示可能出现的危险情况，而变动的指针与下方随之变动的数字同时指示出当前仪表盘的数值。

在 ECharts 中实现图 4-9 所示的图形绘制，如代码 4-8 所示。

代码 4-8　多仪表盘的关键代码

```
var option = {  //指定图表的配置项和数据
    backgroundColor: 'rgba(128, 128, 128, 0.1)',  //rgba 设置透明度为 0.1
```

```
title: {  //配置标题组件
    text: '多仪表盘实例（共 4 个仪表盘）',
    x: 'center', y: 100,
    show: true,  //设置是否显示标题，默认为 true
    offsetCenter: [50, "20%"],  //设置相对于仪表盘中心的偏移
    textStyle: {
        fontFamily: "黑体",  //设置字体名称，默认为宋体
        color: "blue",  //设置字体颜色，默认为#333
        fontSize: 20,  //设置字体大小，默认为 15
    }
},
tooltip: { formatter: "{a} <br/>{c} {b}" },  //配置提示框组件
series: [  //配置数据系列，共有 4 个仪表盘
    {  //设置数据系列之 1：速度
        name: '速度', type: 'gauge', z: 3,
        min: 0,  //设置速度仪表盘的最小值
        max: 220,  //设置速度仪表盘的最大值
        splitNumber: 22,  //设置速度仪表盘的分隔数目为 22
        radius: '50%',  //设置速度仪表盘的大小
        axisLine: { lineStyle: { width: 10 } },
        axisTick: {  //设置坐标轴小标记
            length: 15,  //设置属性 length 控制线长
            splitNumber: 5,  //设置坐标轴小标记的分隔数目为 5
            lineStyle: {  //设置属性 lineStyle 控制线条样式
                color: 'auto'
            }
        },
        splitLine: { length: 20, lineStyle: { color: 'auto' } },
        title: { textStyle: { fontWeight: 'bolder', fontSize: 20,
fontStyle: 'italic' } },
        detail: { textStyle: { fontWeight: 'bolder' } },
        data: [{ value: 40, name: '车速(km/h)' }]
    },
    {  //设置数据系列之 2：转速
        name: '转速', type: 'gauge',
        center: ['20%', '55%'],  //设置转速仪表盘中心点的位置，默认全局居中
        radius: '35%',  //设置转速油表仪表盘的大小
        min: 0,  //设置转速仪表盘的最小值
        max: 7,  //设置转速仪表盘的最大值
        endAngle: 45,
        splitNumber: 7,  //设置转速仪表盘的分隔数目为 7
```

```
        axisLine: { lineStyle: { width: 8 } },  //设置属性 lineStyle 控制
线条样式

        axisTick: {  //设置坐标轴小标记
            length: 12,  //设置属性 length 控制线长
            splitNumber: 5,  //设置坐标轴小标记的分隔数目为 5
            lineStyle: {  //设置属性 lineStyle 控制线条样式
                color: 'auto'
            }
        },
        splitLine: {  //设置分隔线
            length: 20,  //设置属性 length 控制线长
            lineStyle: {  //设置属性 lineStyle 控制线条样式
                color: 'auto'
            }
        },
        pointer: { width: 5 },
        title: { offsetCenter: [0, '-30%'], },
        detail: { textStyle: { fontWeight: 'bolder' } },
        data: [{ value: 1.5, name: '转速(x1000 r/min)' }]
    },
    {   //设置数据系列之 3：油表
        name: '油表', type: 'gauge',
        center: ['77%', '50%'],  //设置油表仪表盘中心点的位置，默认全局居中
        radius: '25%',  //设置油表仪表盘的大小
        min: 0,  //设置油表仪表盘的最小值
        max: 2,  //设置油表仪表盘的最大值
        startAngle: 135, endAngle: 45,
        splitNumber: 2,  //设置油表的分隔数目为 2
        axisLine: { lineStyle: { width: 8 } },  //设置属性 lineStyle 控制
线条样式

        axisTick: {  //设置坐标轴小标记
            splitNumber: 5,  //设置小标记分隔数目为 5
            length: 10,  //设置属性 length 控制线长
            lineStyle: {  //设置属性 lineStyle 控制线条样式
                color: 'auto'
            }
        },
        axisLabel: {
            formatter: function (v) {
                switch (v + '') {
                    case '0': return 'E';
```

```
                    case '1': return '油表';
                    case '2': return 'F';
                }
            }
        },
        splitLine: {  //设置分隔线
            length: 15,  //设置属性 length 控制线长
            lineStyle: {  //设置属性 lineStyle 控制线条样式
                color: 'auto'
            }
        },
        pointer: { width: 4 },  //设置油表的指针宽度为 4
        title: { show: false },
        detail: { show: false },
        data: [{ value: 0.5, name: 'gas' }]
    },
    {  //设置数据系列之 4：水表
        name: '水表', type: 'gauge',
        center: ['77%', '50%'],  //设置水表仪表盘中心点的位置，默认全局居中
        radius: '25%',  //设置水表仪表盘的大小
        min: 0,  //设置水表的最小值
        max: 2,  //设置水表的最大值
        startAngle: 315, endAngle: 225,
        splitNumber: 2,  //设置分隔数目
        axisLine: {  //设置坐标轴线
            lineStyle: {  //设置属性 lineStyle 控制线条样式
                width: 8  //设置线条宽度
            }
        },
        axisTick: { show: false },  //设置不显示坐标轴小标记
        axisLabel: {
            formatter: function (v) {
                switch (v + '') {
                    case '0': return 'H';
                    case '1': return '水表';
                    case '2': return 'C';
                }
            }
        },
        splitLine: {  //设置分隔线
            length: 15,  //设置属性 length 控制线长
```

```
                    lineStyle: {  //设置属性 lineStyle 控制线条样式
                        color: 'auto'
                    }
                },
                pointer: { width: 2 },  //设置水表的指针宽度为 2
                title: { show: false },
                detail: { show: false },
                data: [{ value: 0.5, name: 'gas' }]
            }
        ]
    };
    setInterval(function () {
        option.series[0].data[0].value = (Math.random() * 100).toFixed(2) - 0;
        option.series[1].data[0].value = (Math.random() * 7).toFixed(2) - 0;
        option.series[2].data[0].value = (Math.random() * 2).toFixed(2) - 0;
        option.series[3].data[0].value = (Math.random() * 2).toFixed(2) - 0;
        myChart.setOption(option, true);
    }, 2000);  //每 2 秒重新渲染一次，以实现动态效果
```

在代码 4-8 中，通过 center:['xx%','yy%']来指定仪表盘中心点的位置，通过 startAngle: xx,endAngle:yy 来指定每个仪表盘的大小。代码的最后一段，使用了一个 setInterval(function())，每间隔 2 秒重新渲染一次，以实现动态的效果。

由 4.2.1～4.2.2 小节介绍的单仪表盘和多仪表盘可知，仪表盘非常适合在量化的情况下显示单一的价值和衡量标准，但不适用于展示不同变量的对比情况或趋势情况。此外，仪表盘上可以同时展示不同维度的数据，但是为了避免指针重叠，影响数据的查看，仪表盘的指针数量建议最多不要超过 3 根。如果确实有多个数据需要展示，建议使用多个仪表盘。

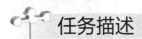 **任务 4.3** 绘制漏斗图或金字塔

任务描述

漏斗图（Funnel）是倒三角形的条形图，金字塔是正三角形的条形图，这两者适用于业务流程比较规范、周期较长、环节较多的流程分析。漏斗图也是常用的 BI 类图表之一，用户通过漏斗图或金字塔对各环节业务数据进行比较，不仅能够直观地发现和说明问题，而且可以据图分析销售各环节中哪些环节出了问题。为了更直观地查看电商网站数据，需要在 ECharts 中绘制基本漏斗图、基本金字塔、多漏斗图和多金字塔进行展示。

任务分析

（1）在 ECharts 中绘制基本漏斗图。

（2）在 ECharts 中绘制基本金字塔。

（3）在 ECharts 中绘制多漏斗图。

（4）在 ECharts 中绘制多金字塔。

4.3.1　绘制基本漏斗图或金字塔

漏斗图又称倒三角图，漏斗图将数据呈现为几个阶段，每个阶段的数据都是整体的一部分；从一个阶段到另一个阶段，数据占比自上而下下降，所有阶段数据的占比总计 100%。与饼图一样，漏斗图呈现的也不是具体的数据。此外，漏斗图还具有不需要使用任何数据轴的特点。

在电商网站中，一个完整的网上购物步骤大致为：浏览选购→添加到购物车→购物车结算→核对订单信息→提交订单→选择支付方式→完成支付。某电商网站各购物步骤的数据如表 4-1 所示。

表 4-1　基本漏斗图的数据

所处环节	当前人数（人）	整体转化率
浏览选购	1000	100.0%
添加到购物车	600	60.0%
购物车结算	420	42.0%
核对订单信息	25	25.0%
提交订单	90	9.0%
选择支付方式	40	4.0%
完成支付	25	2.5%

利用表 4-1 的数据展示整个网上购物过程中各步骤的整体转化率，如图 4-10 所示。

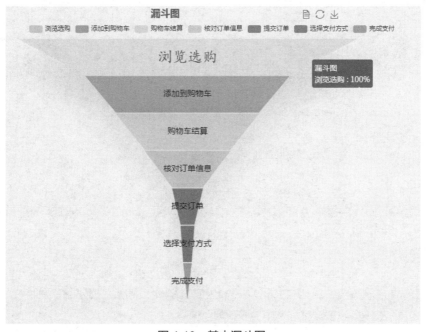

图 4-10　基本漏斗图

在图 4-10 中，可以直观地看出从最初浏览选购到最终完成支付整个流程中的转化状况。此外，不仅能看出用户从浏览选购到完成支付的最终转化率，还可以看出每个步骤的转化率，能够直观地展示和说明问题所在。

在 ECharts 中实现图 4-10 所示的图形绘制，如代码 4-9 所示。

代码 4-9　基本漏斗图的关键代码

```javascript
var option = {  //指定图表的配置项和数据
    color: ['lightblue', 'rgba(0,150,0,0.5)', 'rgba(255,200,0,0.5)',
        'rgba(155,200,50,0.5)',                      'rgba(44,44,0,0.5)',
'rgba(33,33,30,0.5)',
        'rgba(255,66,0,0.5)',                        'rgba(155,23,31,0.5)',
'rgba(23,44,55,0.5)'],
    //配置标题组件
    title: { left: 270, top: 0, textStyle: { color: 'green' }, text: '漏
斗图' },
    backgroundColor: 'rgba(128, 128, 128, 0.1)',  //rgba 设置透明度为 0.1
    tooltip: { trigger: 'item', formatter: "{a} <br/>{b} : {c}%" },  //配
置提示框组件
    toolbox: {
        left: 555, top: 0,
        feature: {
            dataView: { readOnly: false },
            restore: {}, saveAsImage: {}
        }
    },  //配置工具箱组件
    legend: {
        left: 40, top: 30, data: ['浏览选购', '添加到购物车', '购物车结算',
        '核对订单信息', '提交订单','选择支付方式', '完成支付']
    },  //配置图例组件
    calculable: true,
    series: [  //配置数据系列
        {
            name: '漏斗图', type: 'funnel', left: '3%',
            sort: 'descending',  //金字塔:'ascending'; 漏斗图:'descending'
            top: 60, bottom: 60, width: '80%',
            min: 0, max: 100,
            minSize: '0%',  //设置每一块的最小宽度
            maxSize: '100%',  //设置每一块的最大宽度，一次去除掉尖角
            gap: 2,  //设置每一块之间的间隔
            label: { show: true, position: 'inside' },  //设置标签显示在里面
还是外面
```

```
            labelLine: {
                length: 10,  //设置每一块名字前面线的长度
                lineStyle: {
                    width: 1,  //设置每一块名字前面线的宽度
                    type: 'solid'//设置每一块名字前面线的类型
                }
            },
            itemStyle: {
                normal: {   //设置图形在正常状态下的样式
                    label: { show: true, fontSize: 15, color: 'blue', position:
'inside', },

                    borderColor: '#fff',   //设置每一块的边框颜色
                    borderWidth: 0,  //设置每一块边框的宽度
                    shadowBlur: 50,  //设置整个图形外面的阴影厚度
                    shadowOffsetX: 0,  //设置每一块的 x 轴的阴影
                    shadowOffsetY: 50,  //设置每一块的 y 轴的阴影
                    shadowColor: 'rgba(0,255,0,0.4)'//设置阴影颜色
                }
            },
            //设置鼠标 hover 时高亮样式
            emphasis: { label: { fontFamily: "楷体", color: 'green', fontSize:
28 } },

            data: [   //设置在漏斗图中展示的数据
                { value: 100, name: '浏览选购' }, { value: 60, name: '添加到
购物车' },

                { value: 42, name: '购物车结算' }, { value: 25, name: '核对订
单信息' },

                { value: 9, name: '提交订单' }, { value: 4, name: '选择支付方
式' },

                { value: 2.5, name: '完成支付' },]
            }
        ]
    };
```

代码 4-9 把图表配置项中 series 中的 sort 取值由'descending'改为'ascending'时，就由漏斗图变为金字塔，如图 4-11 所示。

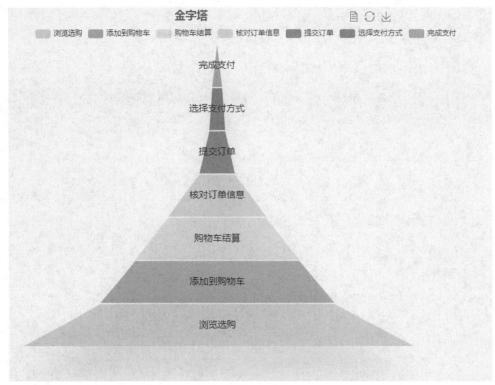

图 4-11　基本金字塔

4.3.2　绘制多漏斗图或多金字塔

　　4.3.1 小节中介绍的标准漏斗图或金字塔相对比较简单。单一的漏斗图反映的数据过于单一，无法进行比较，有时就会失去分析的意义。利用用户购买流程优化前后的数据比较前后占比的变化，如图 4-12 所示。

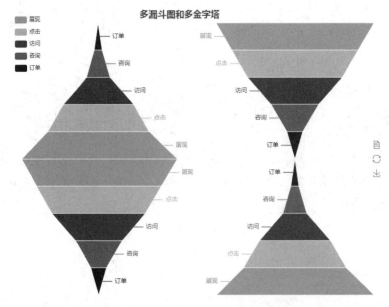

图 4-12　多漏斗图和多金字塔

图 4-12 实际上显示了两个漏斗图和两个金字塔。在观察上下的漏斗图和金字塔时，可以明显地看出两组数据有着一定的差异。

在 ECharts 中实现图 4-12 所示的图形绘制，如代码 4-10 所示。

代码 4-10　多漏斗图和多金字塔的关键代码

```
var option = {   //指定图表的配置项和数据
    //使用预定义的颜色
    color: ["red", 'green', 'blue', '#8CC7B5', '#32CD32', '#7CFC00',
'#19CAAD', 'grey'],
    title: {
        text: '多漏斗图和多金字塔', left: 280, top: 'top'
    },
    tooltip: { trigger: 'item', formatter: "{a} <br/>{b}:{c}%" },
    toolbox: {
        left: 750, top: 12,
        orient: 'vertical', top: 'center',
        feature: { dataView: { readOnly: false }, restore: {}, saveAsImage: {} }
    },
    legend: {
        orient: 'vertical', left: 'left',
        left: 22, top: 12,
        data: ['展现', '点击', '访问', '咨询', '订单']
    },
    calculable: true,
    series: [
        {
            name: '漏斗图', type: 'funnel', width: '40%', height: '45%', left:
'5%', top: '50%',
            data: [
                { value: 60, name: '访问' }, { value: 30, name: '咨询' }, { value:
10, name: '订单' },
                { value: 80, name: '点击' }, { value: 100, name: '展现' }
            ]
        },
        {
            name: '金字塔', type: 'funnel', width: '40%', height: '45%', left:
'5%', top: '5%',
            sort: 'ascending',
            data: [
                { value: 45, name: '访问' }, { value: 15, name: '咨询' }, { value:
5, name: '订单' },
```

```
                { value: 65, name: '点击' }, { value: 100, name: '展现' }]
        },
        {
            name: '漏斗图', type: 'funnel', width: '40%', height: '45%', left:
'55%', top: '5%',
            label: { normal: { position: 'left' } },
            data: [
                { value: 60, name: '访问' }, { value: 30, name: '咨询' },
                { value: 10, name: '订单' }, { value: 80, name: '点击' },
                { value: 100, name: '展现' }]
        },
        {
            name: '金字塔', type: 'funnel', width: '40%', height: '45%',
            left: '55%', top: '50%', sort: 'ascending',
            label: { normal: { position: 'left' } },
            data: [
                { value: 45, name: '访问' }, { value: 15, name: '咨询' },
                { value: 5, name: '订单' }, { value: 65, name: '点击' },
                { value: 100, name: '展现' }]
        }
    ]
};
```

在代码 4-10 中，通过设置图表配置项中 series 中的 sort 取值为'descending'或'ascending'来分别指定图表为漏斗图或金字塔，并通过设置图表配置项中 series 中的 left:'xx%',top:'yy%'为不同的值来改变漏斗图或金字塔的显示位置。

由 4.3.1～4.3.2 小节介绍的标准漏斗图和多漏斗图可知，漏斗图适用于业务流程比较规范、周期较长、环节较多的流程分析。漏斗图并不是表示各个分类的占比情况，而是展示数据变化的一个逻辑流程。如果对数据是无逻辑顺序的占比比较，那么使用饼图更合适。在漏斗图中，可以根据数据选择使用对比色或同一种颜色的色调渐变，从最暗到最浅来依照漏斗的尺寸排列。但是，当添加过多的图层和颜色时，会造成漏斗图难以阅读。

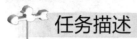 **任务 4.4** 绘制雷达图、词云图和矩形树图

任务描述

雷达图（Radar）又称戴布拉图、蜘蛛网图、蜘蛛图，适用于显示 3 个或更多维度的变量，如学生的各科成绩分析。而词云图又称文字云，是使用颜色和大小的变化来展示不同文本信息的一种图形。矩形树图又称树状图，适合展现具有层级关系的数据。为了更直观地查看各教育阶段的男女人数、浏览器占比变化、某软件性能、全球编程语言的 TIOBE 排名、客户人数等数据，需要在 ECharts 中绘制基本雷达图、复杂雷达图、多雷达图、词云图和矩形树图进行展示。

任务分析

（1）在 ECharts 中绘制基本雷达图。

（2）在 ECharts 中绘制复杂雷达图。

（3）在 ECharts 中绘制多雷达图。

（4）在 ECharts 中绘制词云图。

（5）在 ECharts 中绘制矩形树图。

4.4.1　绘制雷达图

雷达图将多个维度的数据映射到坐标轴上，这些坐标轴起始于同一个圆心点，通常结束于圆周边缘，将同一组的点用线连接起来就成了雷达图。在坐标轴设置恰当的情况下，雷达图所围面积能表现出一些信息量。雷达图把纵向和横向的分析比较方法结合起来，可以展示出数据集中各个变量的权重高低情况，适用于展示性能数据。

雷达图不仅对于查看哪些变量具有相似的值、变量之间是否有异常值有效，而且可用于查看哪些变量在数据集内得分较高或较低。此外，雷达图也常用于排名、评估、评论等数据的展示。

1. 绘制基本雷达图

利用各教育阶段男女人数统计数据查看在各教育阶段男女学生的人数高低情况，如图 4-13 所示。

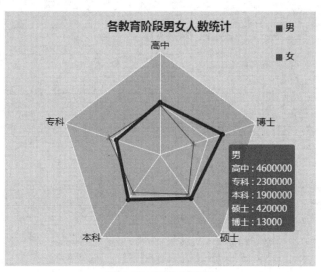

图 4-13　基本雷达图

图 4-13 的基本雷达图显示了各教育阶段的男女人数统计。同时可以看出，在高中和硕士阶段，男女学生人数相差不大，而在博士阶段，男女学生人数则相差较大。

在 ECharts 中实现图 4-13 所示的图形绘制，如代码 4-11 所示。

代码 4-11　基本雷达图的关键代码

```
var option = {  //指定图表的配置项和数据
    backgroundColor: 'rgba(204,204,204,0.7)',  //配置背景色，默认无背景
```

```
            title: {   //配置标题组件
                text: '各教育阶段男女人数统计',
                target: 'blank', top: '10', left: '160', textStyle: { color:
'blue', fontSize: 18, }
            },
            legend: {   //配置图例组件
                show: true,   //设置是否显示图例
                icon: 'rect',
                top: '14',   //设置图例距离顶部边距
                left: 430,   //设置图例距离左侧边距
                itemWidth: 10,   //设置图例标记的图形宽度
                itemHeight: 10,   //设置图例标记的图形高度
                itemGap: 30,   //设置图例每项之间的间隔
                orient: 'horizontal',   //设置图例列表的布局朝向,可选为: 'horizontal'
和'vertical'
                textStyle: { fontSize: 15, color: '#fff' },   //设置图例的公用文本
样式
                data: [   //设置图例的数据数组,数组项通常为字符串,每项代表一个系列 name
                    {
                        name: '男', icon: 'rect',
                        textStyle: { color: 'rgba(51,0,255,1)', fontWeight:
'bold' }
                    },   //设置图例项的文本样式
                    {
                        name: '女', icon: 'rect',
                        textStyle: { color: 'rgba(255,0,0,1)', fontWeight:
'bold' }
                    }   //'normal'、'bold'、'bolder'、'lighter'
                ],
            },
            tooltip: {   //配置详情提示框组件
                //设置雷达图的 tooltip 不会超出 div,也可设置 position 属性
                //设置定位不会随着鼠标移动而变化
                confine: true,   //设置是否将 tooltip 框限制在图表的区域内
                enterable: true,   //设置鼠标是否可以移动到 tooltip 区域内
            },
            radar: [{   //配置雷达图坐标系组件,只适用于雷达图
                center: ['50%', '56%'],   //设置中心坐标,数组的第 1 项是横坐标,第 2 项
是纵坐标
                radius: 160,   //设置圆的半径,数组的第一项是内半径,第二项是外半径
                startAngle: 90,   //设置坐标系起始角度,也就是第一个指示器轴的角度
                name: {   //设置雷达图每个指示器(圆外的标签)名称
                    formatter: '{value}',
                    textStyle: { fontSize: 15, color: '#000' }
```

```
        },
        nameGap: 2,　//设置指示器名称和指示器轴的距离，默认为15
        splitNumber: 2,　//设置指示器轴的分割段数
        //shape:'circle',　//设置雷达图绘制类型，支持'polygon'、'circle'
        //坐标轴轴线设置
        axisLine: { lineStyle: { color: '#fff', width: 1, type:
'solid', } },
        //设置坐标轴在 grid 区域中的分隔线
        splitLine: { lineStyle: { color: '#fff', width: 1, } },
        splitArea: {
            show: true,
            areaStyle: { color: ['#abc', '#abc', '#abc', '#abc'] }
        },　//设置分隔区域的样式
        indicator: [　//配置雷达图指示器，指定雷达图中的多个变量，跟 data 中的
value 对应
            { name: '高中', max: 9000000 }, { name: '专科', max: 5000000 },
            { name: '本科', max: 3500000 }, { name: '硕士', max: 800000 },
            //设置指示器的名称、最大值
            { name: '博士', max: 20000 }]
        }],
    series: [{
        name: '雷达图',　//系列名称，用于 tooltip 的显示以及图例筛选
        type: 'radar',　//系列类型：雷达图
        //拐点样式，可选为：'circle'、'rect'、'roundRect'、'triangle'、
'diamond'、'pin'、'arrow'、'none'
        symbol: 'triangle',
        itemStyle: {　//设置折线拐点标志的样式
            normal: { lineStyle: { width: 1 }, opacity: 0.2 },　//设置
普通状态时的样式
            emphasis: { lineStyle: { width: 5 }, opacity: 1 }　//设置高
亮时的样式
        },
        data: [　//设置雷达图的数据是多变量（维度）
            {　//设置第 1 个数据项
                name: '女',　//数据项名称
                value: [4400000, 2700000, 1600000, 380000, 7000],
//value 是具体数据
                symbol: 'triangle',
                symbolSize: 5,　//设置单个数据标记的大小
                //设置拐点标志样式
                itemStyle: { normal: { borderColor: 'blue', borderWidth:
3 } },
                //设置单项线条样式
                lineStyle: { normal: { color: 'red', width: 1, opacity:
```

```
0.9 } },
                    //areaStyle: {normal:{color:'red'}}  //设置单项区域填充样式
        },
        {   //设置第 2 个数据项
            name: '男', value: [4600000, 2300000, 1900000, 420000,
13000],
            symbol: 'circle',
            symbolSize: 5,   //设置单个数据标记的大小
            itemStyle: { normal: { borderColor: 'rgba(51,0,255,1)',
borderWidth: 3, } },
            lineStyle: { normal: { color: 'blue', width: 1, opacity:
0.9 } },
                    //areaStyle:{normal:{color:'blue'}}   //设置单项区域填充
样式
        }
    ]
},]
};
```

在代码 4-11 中，通过设置图表配置项中 series 中的 type 的取值为'radar'来指定图表为雷达图，并通过设置图表配置项中属性 radar 中的 center:['xx%', 'yy%']和 radius:zz 的值来指定雷达图的位置。此外，其他配置信息参考详细的注释内容。

图 4-13 是一个比较简单的雷达图。利用浏览器占比变化数据绘制的稍为复杂的雷达图如图 4-14 所示。

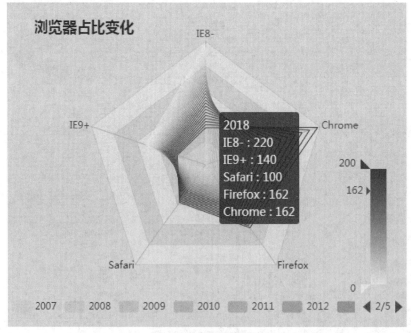

图 4-14　复杂雷达图

图 4-14 显示了各个浏览器占比的预测，并加了一个 visualMap 组件（视觉映射组件），

该组件决定把数据的哪个维度映射到什么视觉元素上。此外，还增加了一个滚动图例。

在 ECharts 中实现图 4-14 所示的图形绘制，如代码 4-12 所示。

代码 4-12　复杂雷达图的关键代码

```
var option = {  //指定图表的配置项和数据
    backgroundColor: 'rgba(204,204,204,0.7)',  //配置背景色，默认无背景
    title: {  //配置标题组件
        text: '浏览器占比变化', textStyle: { color: 'blue' },
        top: 20, left: 30
    },
    tooltip: { trigger: 'item', backgroundColor: 'rgba(0,0,250,0.8)' },
    legend: {  //配置图例组件
        type: 'scroll', bottom: 15,
        data: (function () {
            var list = [];
            for (var i = 1; i <= 28; i++) {
                list.push(i + 2000 + '');
            }
            return list;
        })()
    },
    visualMap: { top: '47%', right: 20, color: ['red', 'yellow'],
calculable: true },
    radar: {  //配置雷达图坐标系组件，只适用于雷达图
        nameGap: 2,  //设置指示器名称和指示器轴的距离，默认为15
        indicator: [  //设置雷达图指示器，指定雷达图中的多个变量，跟 data 中的 value 对应
            { text: 'IE8-', max: 400, color: 'green' },
            { text: 'IE9+', max: 400, color: 'green' },
            { text: 'Safari', max: 400, color: 'blue' },
            { text: 'Firefox', max: 400, color: 'blue' },
            { text: 'Chrome', max: 400, color: 'red' }
        ]
    },
    series: (function () {  //配置数据系列
        var series = [];
        for (var i = 1; i <= 28; i++) {
            series.push({
                name: '浏览器(数据纯属虚构)', type: 'radar', symbol: 'none',
                lineStyle: { width: 1 },
                emphasis: { areaStyle: { color: 'rgba(0,250,0,0.3)' } },
                data: [  //设置雷达图的数据是多变量（维度）
                    {
                        value: [
                            (40 - i) * 10,
```

```
                    (38 - i) * 4 + 60,
                    i * 5 + 10,
                    i * 9,
                    i * i / 2
                ],
                name: i + 2000 + ''
            }]
        });
    }
    return series;
})()
};
```

在代码 4-12 中，通过设置图表配置项中 series 中的 type 的取值为'radar'来指定图表为雷达图，并将图例中的 type 取值为'scroll'，实现滚动式图例。其中，滚动式图例可以节约图表空间，也可以使图表更加简洁漂亮。

2. 绘制多雷达图

4.4.1 小节介绍过的基本雷达图只能表示一类事物的维度变量。当想要同时表现几类不同事物的维度变量时，需要使用多雷达图进行展示。利用某软件的性能、小米与苹果手机的功能、降水量与蒸发量的数据展示出 3 类数据中的不同维度变量，如图 4-15 所示。

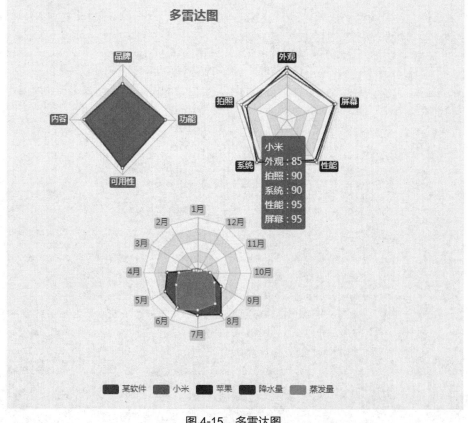

图 4-15　多雷达图

　　图 4-15 的多雷达图中，显示了 3 个不同的雷达图。当鼠标移动到图 4-15 中某一个雷达图的维度时，会显示出这一个维度的详细信息。

　　在 ECharts 中实现图 4-15 所示的图形绘制，如代码 4-13 所示。

代码 4-13　多雷达图的关键代码

```
var option = {  //指定图表的配置项和数据
    color: ["red", 'green', 'blue', '#660099', '#FA8072', 'grey'],  //使
用自己预定义的颜色
    backgroundColor: 'rgba(128, 128, 128, 0.1)',  //rgba设置透明度为0.1
    title: {  //配置标题组件
        text: '多雷达图', top: 15,
        textStyle: { color: 'green' }, left: 240
    },
    tooltip: { trigger: 'axis' },  //配置标题组件
    //配置图例组件
    legend: { top: 560, left: 140, data: ['某软件', '小米', '苹果', '降水量
', '蒸发量'] },
    radar: [  //设置雷达图坐标系组件，只适用于雷达图
        {
            nameGap: 3, shape: 'polygon',  // 可选为: 'polygon'和'circle'
            name: {
                textStyle: {
                    fontSize: 12, color: '#fff', backgroundColor: 'green',
                    borderRadius: 3, padding: [2, 2]
                }
            },
            indicator: [  //设置雷达图指示器，指定雷达图中的多个变量，跟data中的
value对应
                { text: '品牌', max: 100 }, { text: '内容', max: 100 },
                { text: '可用性', max: 100 }, { text: '功能', max: 100 }
            ],
            center: ['25%', '30%'], radius: 80  //指定第1个雷达图的位置
        },
        {
            nameGap: 3, shape: 'polygon',  // 可选为: 'polygon'和'circle'
            name: {
                textStyle: {
                    fontSize: 12, color: '#fff', backgroundColor: 'blue',
                    borderRadius: 3, padding: [2, 2]
                }
            },
```

```
                    //设置雷达图指示器，指定雷达图中的多个变量
                    indicator: [{ text: '外观', max: 100 },
                    { text: '拍照', max: 100 }, { text: '系统', max: 100 },
                    { text: '性能', max: 100 }, { text: '屏幕', max: 100 }],
                    center: ['60%', '30%'], radius: 80   //指定第 2 个雷达图的位置
                },
                {
                    nameGap: 3, shape: 'polygon',  // 可选为: 'polygon'和'circle'
                    name: {
                        textStyle: {
                            fontSize: 12, color: 'red', backgroundColor: 'lightblue',
                            borderRadius: 3, padding: [2, 2]
                        }
                    },
                    indicator: (function () {
                        var res = [];
                        for (var i = 1; i <= 12; i++) { res.push({ text: i + '月', max:
100 }); }
                        return res;
                    })(),
                    center: ['41%', '67%'], radius: 80,   //指定第三个雷达图的位置
                }
            ],
            series: [  //配置数据系列
                {   //设置第 1 个数据项：某软件
                    type: 'radar', tooltip: { trigger: 'item' },
                    itemStyle: { normal: { areaStyle: { type: 'default' } } },
                    //设置第 1 个数据项的具体数据
                    data: [{ value: [65, 72, 88, 80], name: '某软件' }]
                },
                {   //设置第 2 个数据项：小米与苹果
                    type: 'radar', radarIndex: 1,
                    tooltip: { trigger: 'item' },
                    data: [  //设置第 2 个数据项的具体数据
                        { value: [85, 90, 90, 95, 95], name: '小米' },
                        { value: [95, 80, 95, 90, 93], name: '苹果' }]
                },
                {   //设置第 3 个数据项：降水量与蒸发量
                    type: 'radar', radarIndex: 2,
                    tooltip: { trigger: 'item' },
                    itemStyle: { normal: { areaStyle: { type: 'default' } } },
```

```
                    data: [    //设置第 3 个数据项的具体数据
                          { name: '降水量', value: [5, 6, 9, 56, 69, 73, 77, 88, 50, 22,
       7, 5] },
                          { name: '蒸发量', value: [3, 5, 8, 34, 45, 77, 68, 65, 36, 23,
       7, 4] }
                        ]
                  }]
            };
```

在代码 4-13 中，通过设置属性 center:['xx%','yy%']和 radius:zz 来指定每个雷达图的位置和大小。其他属性的设置与基本雷达图的设置是一致的。

4.4.2　绘制词云图

词云图（WordCloud）是对文本中出现频率较高的"关键词"予以视觉化的展现，词云图可以过滤掉大量低频低质的文本信息，使得浏览者只要一眼扫过文本就可领略文本的主旨。词云图是一种非常好的图形展现方式，这种图形可以让人们对一个网页或者一篇文章进行语义分析，也就是分析同一篇文章中或者同一个网页中关键词出现的频率。词云图对于产品排名、热点问题或舆情监测是十分有帮助的。

在最新版 ECharts 4.x 官网中，已不再支持词云图功能，也找不到相应的 API。若需要进行词云图开发，则需要引入 echarts.js 文件，再通过命令引入 echarts-wordcloud.min.js 文件。

利用 2019 年 10 月全球编程语言的 TIOBE 排名数据展现其中的文本信息，如图 4-16 所示。

图 4-16　词云图实例

从图 4-16 可知，每个文本都呈现出不同的大小和灰度。此外，C、Java、Python 这 3 个文本明显呈现出与其他文本不同的大小，这说明这 3 个词的值也都会相对大于其他文本的值。

在 ECharts 中实现图 4-16 所示的图形绘制，如代码 4-14 所示。

代码 4-14   编程语言词云图的完整代码

```
var option = {  //指定图表的配置项和数据
    backgroundColor: 'rgba(128, 128, 128, 0.1)',  //rgba 设置透明度为 0.1
    title: {  //配置标题组件
        text: '全球编程语言的 TIOBE 排名',
        x: 'center', y: 15,
        textStyle: {
            color: 'green', fontSize: 22,
        }
    },
    tooltip: { show: true },  //配置提示框组件
    series: [{  //数据系列及其配置
        name: '全球编程语言的 TIOBE 排名',  //设置名称
        type: 'wordCloud',  //设置图表类型为词云图
        sizeRange: [15, 100],  //设置数据大小范围
        size: ['80%', '80%'],  //设置显示的词云图的大小
        textRotation: [0, 45, 90, 135, -45, -90],  //设置文字倾斜角度
        textPadding: 3,  //设置文字之间的间距
        autoSize: { enable: true, minSize: 5 },  //设置文字的自动大小
        textStyle: {
            normal: {
                color: function () {
                    return 'rgb(' + [
                        Math.round(Math.random() * 255),
                        Math.round(Math.random() * 255),
                        Math.round(Math.random() * 255)
                    ].join(',') + ')';
                }
            },
            emphasis: {
                shadowBlur: 26,
                color: '#333',
                shadowColor: '#ccc',
                fontSize: 20
            }
        },
        data: [  //设置具体的数据
            { name: "Java", value: 16884 }, { name: "C", value: 16180 },
            { name: "Python", value: 9089 },{ name: "C++", value: 6229 },
            { name: "C#", value: 3860 }, { name: "VB.NET", value: 3745 },
```

```
            { name: "Ruby", value: 1318 }, { name: "Assembly", value: 1307 },
            { name: "R", value: 1261 },{ name: "Delphi", value: 1046 },
            { name: "VB", value: 1234 }, { name: "Go", value: 1100 },
            { name: "Delphi", value: 1046 },{ name: "SAS", value: 915 },
            { name: "Perl", value: 1023 }, { name: "Matlab", value: 924 },
            { name: "PL/SQL", value: 822 }, { name: "D", value: 814 },
            { name: "Scheme", value: 193 },{ name: "COBEL", value: 447 },
            { name: "Scratch", value: 524 }, { name: "Dart", value: 448 },
            { name: "ABAP", value: 447 }, { name: "Scala", value: 442 },
            { name: "Fortran", value: 439 },{ name: "LiveCode", value: 169 },
            { name: "Lisp", value: 409 }, { name: "F#", value: 391 }, ,
            { name: "Rust", value: 356 }, { name: "Kotlin", value: 319 },
            { name: "Ada", value: 316 }, { name: "Logo", value: 261 },
            { name: "SQL", value: 1935 }, { name: "RPG", value: 274 },
            { name: "PHP", value: 1909 }, { name: "LabVIEW", value: 243 },
            { name: "Haskell", value: 209 }, { name: "Bash", value: 196 },
            { name: "ActionScript", value: 182 }, { name: "Transact-SQL",
value: 569 },
            { name: "PowerShell", value: 178 }, { name: "VBScript", value:
203 },
            { name: "JavaScript", value: 2076 }, { name: "TypeScript", value:
304 },
            { name: "Objective-C", value: 1501 }, { name: "Prolog", value:
261 },
            { name: "Groovy", value: 1394 }, { name: "Swift", value: 1362 },
            { name: "Crystal", value: 168 }, { name: "Lua", value: 379 },
            { name: "Julia", value: 224 }
        ] //data 结束
    }] //series 结束
}; //option 结束
```

由代码 4-14 可知，利用 function() 创建随机样式函数，该函数通过随机函数产生红、绿、蓝（RGB）三原色的取值，从而能合成为一个随机的颜色，即可使得每个词云获得一个随机的颜色。

4.4.3　绘制矩形树图

矩形树图（Treemap）是用于展现有群组、层次关系的比例数据的一种分析工具，它不仅可以通过矩形的面积、排列和颜色来显示复杂的数据关系，具有群组、层级关系展现的功能，而且能够直观地展现同级之间的比较，呈现树状结构的数据比例关系。

某公司各销售经理带领的销售代表某月接待客户人数数据如表 4-2 所示。

表 4-2　各销售经理带领的销售代表某月接待客户人数数据

销售经理	销售代表	客户人数（人）
王斌	黄著	2
	刘旺坚	4
	李文科	10
	蔡铭浪	8
刘倩	胡斌彬	3
	廖舒婷	7
	胥玉英	6
袁波	刘俊权	4
	古旭高	6

利用表 4-2 的数据展示销售经理、销售代表和客户人数之间的层次关系，如图 4-17 所示。

由图 4-17 可知，图中的矩形出现了 3 种不同的灰度和面积。其中，每一种灰度代表一位销售经理，而面积的大小则代表着客户人数。

在 ECharts 中实现图 4-17 所示的图形绘制，如代码 4-15 所示。

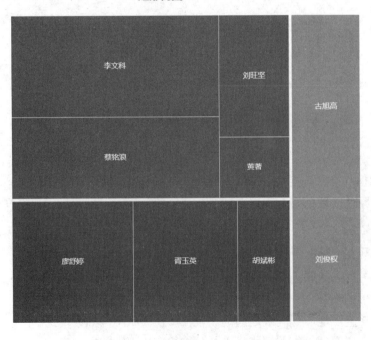

图 4-17　矩形树图实例

代码 4-15　矩形树图的关键代码

```
function getLevelOption() {
    return [
        {
            itemStyle: {
                borderWidth: 0,
                gapWidth: 5
            }
        },
        {
            itemStyle: {
                gapWidth: 1
            }
        },
        {
            colorSaturation: [0.35, 0.5],
            itemStyle: {
                gapWidth: 1,
                borderColorSaturation: 0.6
            }
        }
    ];
}
var option = {   //指定图表的配置项和数据
    title: {   //配置标题组件
        text: '矩形树图', top: 15,
        textStyle: { color: 'green' }, left: 270
    },
    series: [{
        name: '全部',
        type: 'treemap',
        levels: getLevelOption(),
        data: [{
            name: '王斌',  //First tree
            value: 24,
            children: [{
                name: '黄著',  //First leaf of first tree
                value: 2
            }, {
                name: '刘旺坚',   //Second leaf of first tree
```

```
                                value: 4
                        }, {
                                name: '李文科',  // Third leaf of first tree
                                value: 10
                        }, {
                                name: '蔡铭浪',  // Fourth leaf of first tree
                                value: 8
                        }]
                }, {
                        name: '刘倩',  // First tree
                        value: 16,
                        children: [{
                                name: '胡斌彬',  // First leaf of first tree
                                value: 3
                        }, {
                                name: '廖舒婷',  // Third leaf of first tree
                                value: 7
                        }, {
                                name: '胥玉英',  // Third leaf of first tree
                                value: 6
                        }]
                }, {
                        name: '袁波',  // First tree
                        value: 10,
                        children: [{
                                name: '刘俊权',  // First leaf of first tree
                                value: 4
                        }, {
                                name: '古旭高',  // Second leaf of first tree
                                value: 6
                        }]
                }]
        }]
};
```

在代码 4-15 中，利用 data() 设置了 3 组数据，并使用 getLevelOption() 函数设置了每一组数据所绘制的矩形之间的间隔。

由 4.4.1～4.4.3 小节介绍的雷达图、词云图和矩形树图可知，一个雷达图包含的多边形数量是有限的，当有 5 个以上要评估的事物时，无论是轮廓还是填充区域，都会产生覆盖和混乱，使得数据难以阅读。同时，当雷达图变量过多时，将会产生过多的轴，从而使图表变得混乱。因此，需要保持雷达图的简单并限制其变量数量。而词云图是对文本中出现频率较高关键词的视觉化描述，用于汇总用户生成的标签或一个网站的文字内容。此外，词云图对于产品排名、热点问题或舆情监测等十分有帮助。而矩形树图适合展现具有层级关系的数据，能更有效地利用空间，并且拥有展示占比的功能。但是当分类占比太小的时候，文本会变得很难排布，使得矩形树图的树形数据结构表达得不够直观、明确。

小结

本章介绍了常见的散点图，包括基本散点图、两个序列的散点图和带涟漪特效的散点图，并介绍了气泡图。此外，本章还介绍了常见的仪表盘，包括单仪表盘和多仪表盘；常见的漏斗图，包括标准漏斗图和多漏斗图；常见的金字塔，包括标准金字塔和多金字塔；常见的雷达图，包括标准雷达图和多雷达图；常见的词云图和矩形树图。

实训

实训 1　客户数量与销售额相关分析

1. 训练要点

掌握散点图的绘制。

2. 需求说明

"销售任务完成情况表.xlsx"文件记录了某公司的销售信息数据，包含某公司销售经理、销售代表、客户总数、已购买客户数量、销售额、销售任务额信息，通过绘制散点图分析已购买客户数量与销售额之间的关系。

3. 实现思路及步骤

（1）在 Eclipse 中创建散点图.html 文件。

（2）绘制散点图。首先，在散点图.html 文件中引入 echarts.js 库文件。其次，准备一个指定了大小的 div 容器，并使用 init()方法初始化容器。最后，设置散点图的配置项、已购买客户数量与销售额数据，完成散点图绘制。

实训 2　店铺销售情况分析

1. 训练要点

掌握仪表盘的绘制。

2. 需求说明

基于"销售任务完成情况表.xlsx"数据，绘制仪表盘并分析店铺销售任务完成情况。

3. 实现思路及步骤

（1）在 Eclipse 中创建仪表盘.html 文件。

（2）绘制仪表盘。首先，在仪表盘.html 文件中引入 echarts.js 库文件。其次，准备一个指定了大小的 div 容器，并使用 init()方法初始化容器。最后，设置仪表盘的配置项、销售额与销售任务额数据，完成仪表盘绘制。

实训 3　各销售环节人数转化情况分析

1. 训练要点

掌握漏斗图的绘制。

2. 需求说明

"客户签约率调查表.xlsx"数据包含客户签约中市场调查、潜在客户、客户跟踪、客户邀约、客户谈判和签订合同这 6 个步骤的参与人数，通过绘制漏斗图反映各步骤人数转化情况的对比。

3. 实现思路及步骤

（1）在 Eclipse 中创建漏斗图.html 文件。

（2）绘制漏斗图。首先，在漏斗图.html 文件中引入 echarts.js 库文件。其次，准备一个指定了大小的 div 容器，并使用 init()方法初始化容器。最后，设置漏斗图的配置项、客户签约 6 个步骤的参与人数的数据，完成漏斗图绘制。

实训 4　销售能力对比分析

1. 训练要点

掌握雷达图的绘制。

2. 需求说明

"销售经理能力考核表.xlsx"文件中记录了某公司的销售能力考核信息，包含 3 个销售代表的销售、沟通、服务、协作和培训 5 个方面的考核评分，通过绘制雷达图综合展现 3 个销售代表各方面能力的优缺对比。

3. 实现思路及步骤

（1）在 Eclipse 中创建雷达图.html 文件。

（2）绘制雷达图。首先，在雷达图.html 文件中引入 echarts.js 库文件。其次，准备一个指定了大小的 div 容器，并使用 init()方法初始化容器。最后，设置雷达图的配置项、3 个销售代表 5 个方面的考核评分数据，完成雷达图绘制。

第 5 章　ECharts 的高级功能

ECharts 中除了提供常规的柱状图、折线图、饼图、散点图外，还支持多图表、组件的联动和混搭展现。本章介绍 ECharts 的图表混搭及多图表联动、动态切换主题、自定义 ECharts 主题、ECharts 中的事件和行为，以及如何使用异步数据加载和显示加载动画。

学习目标

（1）掌握 ECharts 的图表混搭及多图表联动。
（2）掌握 ECharts 主题切换及自定义主题。
（3）掌握 ECharts 中的事件和行为。
（4）掌握 ECharts 中的异步数据加载和显示加载动画。

任务 5.1　ECharts 的图表混搭及多图表联动

任务描述

为了使图表更具表现力，可以使用混搭图表对数据进行展现。当多个系列的数据存在极强的不可分离关联意义时，为了避免在同一个直角系内同时展现时产生混乱，需要使用联动的多图表对数据进行展现。

任务分析

（1）在 ECharts 中绘制混搭图表。
（2）在 ECharts 中绘制联动的多图表。

5.1.1　ECharts 的图表混搭

在 ECharts 的图表混搭中，一个图表包含唯一图例、工具箱、数据区域缩放模块、值域漫游模块和一个直角坐标系，直角坐标系可包含一条或多条类目轴线、一条或多条值轴线，类目轴线和值轴线最多共上、下、左、右 4 条。ECharts 支持任意图表的混搭，其中常见的图表混搭有折线图与柱状图的混搭、折线图与饼图的混搭等。利用某地区一年的降水量和蒸发量数据绘制双 y 轴的折线图与柱状图混搭图表，如图 5-1 所示。

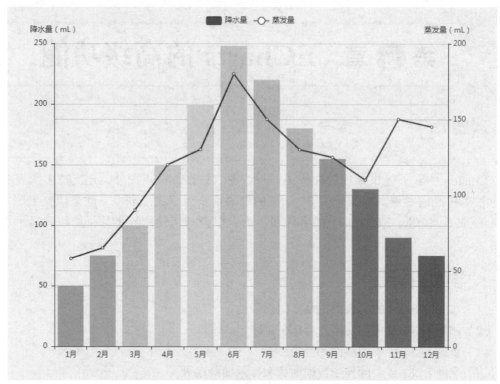

图 5-1 双 *y* 轴的折线图与柱状图混搭图表

在 ECharts 中实现图 5-1 所示的图形绘制，如代码 5-1 所示。

代码 5-1 双 *y* 轴的折线图与柱状图混搭图表的关键代码

```
var option = {  //指定图表的配置项和数据
    backgroundColor: 'rgba(128, 128, 128, 0.1)',  //rgba 设置透明度为 0.1
    tooltip: { trigger: 'axis' },
    legend: { data: ['降水量', '蒸发量'], left: 'center', top: 12 },
    xAxis: [
        {
            type: 'category',
            data: ['1月', '2月', '3月', '4月', '5月', '6月',
            '7月', '8月', '9月', '10月', '11月', '12月']
        }
    ],
    yAxis: [
        {  //设置两个 y 轴之 1：降水量
            type: 'value', name: '降水量（mL）',
            min: 0, max: 250, interval: 50,
            axisLabel: { formatter: '{value} ' }
        },
        {  //设置两个 y 轴之 2：蒸发量
```

```
            type: 'value', name: '蒸发量（mL）', min: 0, max: 200,
            position: 'right',  //设置 y 轴安置的位置
            offset: 0,  //设置向右偏移的距离
            axisLine: { lineStyle: { color: 'red' } },
            axisLabel: { formatter: '{value} ' }
        }
    ],
    series: [
        {
            name: '降水量', type: 'bar',
            itemStyle: {  //设置柱状图颜色
                normal: {
                    color: function (params) {
                        var colorList = [  //build a color map as your
need
                            '#fe9f4f', '#fead33', '#feca2b', '#fed728',
'#c5ee4a',
                            '#87ee4a', '#46eda9', '#47e4ed', '#4bbbee',
'#4f8fa8',
                            '#4586d8', '#4f68d8', '#F4E001', '#F0805A',
'#26C0C0'];
                        return colorList[params.dataIndex]
                    },
                }
            },
            data: [50, 75, 100, 150, 200, 248, 220, 180, 155, 130, 90, 75]
        },
        {
            name: '蒸发量', type: 'line',
            yAxisIndex: 1,  //指定使用第 2 个 y 轴
            itemStyle: { normal: { color: 'red' } },  //设置折线颜色
            data: [58, 65, 90, 120, 130, 180, 150, 130, 125, 110, 150, 145]
        }
    ]
};
```

在代码 5-1 中，数据中的 yAxis 数组通过代码 position:'right'指定 y 轴安置的位置（如果没有指定 position 的值，那么默认安置位置为'left'）；在 series 数组中，通过代码 yAxisIndex:1指定使用第 2 个 y 轴（0 代表第 1 个 y 轴，1 代表第 2 个 y 轴）。

利用 ECharts 各图表的在线构建次数、各图表组件的使用次数、各版本下载和各主题下载情况的数据绘制柱状图与饼图混搭图表，如图 5-2 所示。

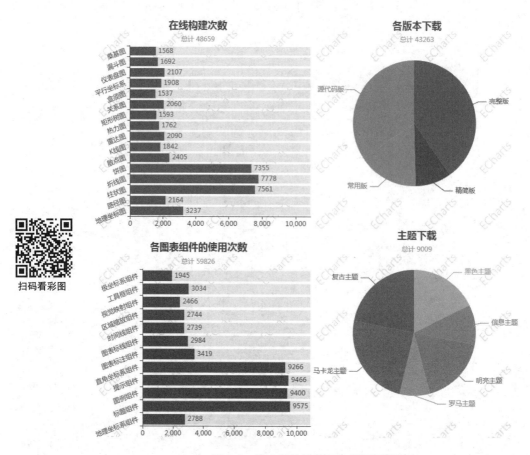

扫码看彩图

图 5-2　带水印的柱状图与饼图混搭图表

在图 5-2 中，由左边的两个柱状图和右边的两个饼图共同组成了一个混搭的图表。左边的两个柱状图分别表示在线构建各种不同图表的次数和各图表组件的使用次数。从左上角的柱状图中可以看出，折线图、柱状图和饼图 3 种图表最为常用；从左下角的柱状图中可以看出，在各种图表组件中，使用较多的图表组件有标题组件（title）、提示组件（tooltip）、图例组件（legend）和直角坐标系组件（grid）。右边的两个饼图分别表示各种 ECharts 版本下载情况的统计分析和各种主题（Themes）下载情况的统计分析。

在 ECharts 中实现图 5-2 所示的图形绘制，如代码 5-2 所示。

代码 5-2　带水印的柱状图与饼图混搭图表的关键代码

```
var builderJson = {
    "all": 10887,
    "charts": {  //各 ECharts 图表的 json 数据
        "地理坐标图": 3237, "路径图": 2164, "柱状图": 7561, "折线图": 7778,
        "饼图": 7355, "散点图": 2405, "K 线图": 1842, "雷达图": 2090,
        "热力图": 1762, "矩形树图": 1593, "关系图": 2060, "盒须图": 1537,
        "平行坐标系": 1908, "仪表盘图": 2107, "漏斗图": 1692, "桑基图": 1568
    },
```

```
        "components": {  //各 ECharts 组件的 json 数据
            "地理坐标系组件": 2788, "标题组件": 9575, "图例组件": 9400,
            "提示组件": 9466,"直角坐标系组件": 9266, "图表标注组件": 3419,
            "图表标线组件": 2984, "时间线组件": 2739,"区域缩放组件": 2744,
            "视觉映射组件": 2466, "工具框组件": 3034, "极坐标系组件": 1945
        },
        "ie": 9743
    };
    var downloadJson = {  //各 ECharts 版本下载的 json 数据
        "完整版": 17365, "精简版": 4079,
        "常用版": 6929, "源代码版": 14890
    };
    var themeJson = {  //各 ECharts 主题下载的 json 数据
        "黑色主题": 1594, "信息主题": 925, "明亮主题": 1608,
        "罗马主题": 721, "马卡龙主题": 2179, "复古主题": 1982
    };
    var waterMarkText = ' ECharts';  //设置水印的字符
    var canvas = document.createElement('canvas');
    var ctx = canvas.getContext('2d');
    canvas.width = canvas.height = 100;
    ctx.textAlign = 'center';
    ctx.textBaseline = 'middle';
    ctx.globalAlpha = 0.08;
    ctx.font = '20px Microsoft Yahei';  //设置水印文字的字体
    ctx.translate(50, 50);  //设置水印文字的偏转值
    ctx.rotate(-Math.PI / 4);  //设置水印旋转的角度
    ctx.fillText(waterMarkText, 0, 0);  //设置填充水印
    var option = {  //指定图表的配置项和数据
        backgroundColor: { type: 'pattern', image: canvas, repeat: 'repeat' },
        tooltip: {},
        title: [{  //配置标题组件
            text: '在线构建次数',
            subtext: ' 总 计 ' + Object.keys(builderJson.charts).reduce
(function (all, key) {
                return all + builderJson.charts[key];
            }, 0),
            x: '25%',
            textAlign: 'center'
        }, {  //配置标题组件
            text: '各图表组件的使用次数',
            subtext: '总计 ' + Object.keys(builderJson.components).reduce
```

```
(function (all, key) {
            return all + builderJson.components[key];
        }, 0),
        x: '25%', y: '53%',
        textAlign: 'center'
    }, {
        text: '主题下载',
        subtext: '总计 ' + Object.keys(themeJson).reduce(function (all,
key) {
            return all + themeJson[key];
        }, 0),
        x: '75%', y: '50%',
        textAlign: 'center'
    }],
    grid: [{  //配置网格组件
        top: 50, width: '50%', bottom: '50%',
        left: 10, containLabel: true
    }, {
        top: '55%', width: '50%',
        bottom: 0, top: '60%',left: 10, containLabel: true
    }],
    xAxis: [{  //配置 x 轴坐标系
        type: 'value',
        max: builderJson.all,
        splitLine: { show: false }
    }, {
        type: 'value',
        max: builderJson.all,
        gridIndex: 1,
        splitLine: { show: false }
    }],
    yAxis: [{  //配置 y 轴坐标系
        type: 'category',
        data: Object.keys(builderJson.charts),
        axisLabel: { interval: 0, rotate: 20 },
        splitLine: { show: false }
    }, {
        gridIndex: 1,
        type: 'category',
        data: Object.keys(builderJson.components),
        axisLabel: { interval: 0, rotate: 20 },
```

```
        splitLine: { show: false }
    }],
    series: [{  //配置数据系列
        type: 'bar', stack: 'chart', z: 3,
        label: { normal: { position: 'right', show: true } },
        data: Object.keys(builderJson.charts).map(function (key) {
            return builderJson.charts[key];
        })
    }, {
        type: 'bar', stack: 'chart', silent: true,
        itemStyle: { normal: { color: '#eee' } },
        data: Object.keys(builderJson.charts).map(function (key) {
            return builderJson.all - builderJson.charts[key];
        })
    }, {
        type: 'bar', stack: 'component', xAxisIndex: 1, yAxisIndex: 1, z: 3,
        label: { normal: { position: 'right', show: true } },
        data: Object.keys(builderJson.components).map(function (key) {
            return builderJson.components[key];
        })
    }, {
        type: 'bar', stack: 'component', silent: true,
        xAxisIndex: 1, yAxisIndex: 1,
        itemStyle: { normal: { color: '#eee' } },
        data: Object.keys(builderJson.components).map(function (key) {
            return builderJson.all - builderJson.components[key];
        })
    }, {
        type: 'pie', radius: [0, '30%'], center: ['75%', '25%'],
        data: Object.keys(downloadJson).map(function (key) {
            return {
                name: key.replace('.js', ''),
                value: downloadJson[key]
            }
        })
    }, {
        type: 'pie', radius: [0, '30%'], center: ['75%', '75%'],
        data: Object.keys(themeJson).map(function (key) {
            return {
                name: key.replace('.js', ''),
                value: themeJson[key]
```

```
                    }
                })
            }]
        };
```

在代码 5-2 中，首先定义了 ECharts 图表的数据、ECharts 组件的数据、ECharts 版本下载的数据和下载的主题的数据，然后设置了水印的各种格式。

5.1.2 ECharts 的多图表联动

当需要展示的数据比较多时，将数据放在一个图表进行展示的效果并不佳，此时，可以考虑使用两个图表进行联动展示。ECharts 提供了多图表联动（connect）的功能，连接的多个图表可以共享组件事件并实现保存图片时的自动拼接。多图表联动支持直角系下 tooltip 的联动。

实现 ECharts 中的多图表联动，可以使用以下两种方法。

（1）分别设置每个 ECharts 对象为相同的 group 值，并通过在调用 ECharts 对象的 connect 方法时传入 group 值，从而使用多个 ECharts 对象建立联动关系，格式如下。

```
myChart1.group = 'group1';   //给第 1 个 ECharts 对象设置一个 group 值
myChart2.group = 'group1';   //给第 2 个 ECharts 对象设置一个相同的 group 值
echarts.connect('group1');   //调用 ECharts 对象的 connect 方法时传入 group 值
```

（2）直接调用 ECharts 的 connect 方法，参数为由多个需要联动的 ECharts 对象所组成的数组，格式如下。

```
echarts.connect([myChart1,myChart2]);
```

若想要解除已有的多图表联动，则可以调用 disConnect 方法，格式如下。

```
echarts.disConnect('group1');
```

利用某学院 2019 年和 2020 年的专业招生情况绘制柱状图联动图表，如图 5-3 所示。

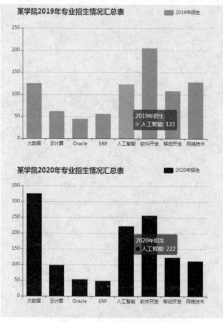

图 5-3　柱状图联动图表

在图 5-3 中，共有上、下两个柱状图，分别表示 2019、2020 两个年度的招生情况汇总。由于建立了多图表联动，所以当鼠标滑过 2019 年或 2020 年的人工智能专业柱体上时，系统会同时在 2019 年、2020 年的人工智能专业上自动弹出相应的详情提示框（tooltip）。

在 ECharts 中实现图 5-3 所示的图形绘制，如代码 5-3 所示。

代码 5-3　柱状图联动图表的关键代码

```
//基于准备好的 dom，初始化 ECharts 图表
var myChart1 = echarts.init(document.getElementById("main1"));
var option1 = {    //指定第 1 个图表的配置项和数据
    color: ['LimeGreen', 'DarkGreen', 'red', 'blue', 'Purple'],
    backgroundColor: 'rgba(128, 128, 128, 0.1)',    //rgba 设置透明度为 0.1
    title: { text: '某学院 2019 年专业招生情况汇总表', left: 40, top: 5 },
    tooltip: { tooltip: { show: true }, },
    legend: { data: ['2019 年招生'], left: 422, top: 8 },
    xAxis: [{ data: ["大数据", "云计算", "Oracle", "ERP", "人工智能",
               "软件开发", "移动开发", "网络技术"], }],
    yAxis: [{ type: 'value', }],
    series: [{    //配置第 1 个图表的数据系列
        name: '2019 年招生',
        type: 'bar', barWidth: 40,    //设置柱状图中每个柱子的宽度
        data: [125, 62, 45, 56, 123, 205, 108, 128],
    }]
};
//基于准备好的 dom，初始化 ECharts 图表
var myChart2 = echarts.init(document.getElementById("main2"));
var option2 = {    //指定第 2 个图表的配置项和数据
    color: ['blue', 'LimeGreen', 'DarkGreen', 'red', 'Purple'],
    backgroundColor: 'rgba(128, 128, 128, 0.1)',    //rgba 设置透明度为 0.1
    title: { text: '某学院 2020 年专业招生情况汇总表', left: 40, top: 8 },
    tooltip: { show: true },
    legend: { data: ['2020 年招生'], left: 422, top: 8 },
    xAxis: [{ data: ["大数据", "云计算", "Oracle", "ERP", "人工智能",
               "软件开发", "移动开发", "网络技术"], }],
    yAxis: [{ type: 'value', }],
    series: [{    //配置第 2 个图表的数据系列
        name: '2020 年招生',
        type: 'bar', barWidth: 40,    //设置柱状图中每个柱子的宽度
        data: [325, 98, 53, 48, 222, 256, 123, 111],
    }]
};
myChart1.setOption(option1);    //为 myChart1 对象加载数据
myChart2.setOption(option2);    //为 myChart2 对象加载数据
//多图表联动配置方法 1：分别设置每个 ECharts 对象的 group 值
```

```
        myChart1.group = 'group1';
        myChart2.group = 'group1';
        echarts.connect('group1');
```
//多图表联动配置方法 2：直接传入需要联动的 ECharts 对象 myChart1、myChart2
//echarts.connect([myChart1,myChart2]);

多图表联动详情提示框的联动，可以通过分别设置每个 ECharts 对象的 group 值实现，代码如下。

```
myChart1.group = 'group1';
myChart2.group = 'group1';
echarts.connect('group1');
```

也可以直接将需要联动的 ECharts 对象 myChart1、myChart2 作为数组传入 ECharts 的 connect 方法中，代码如下。

```
        echarts.connect([myChart1,myChart2])
```

利用某大学各专业 2016—2020 年的招生情况绘制饼图与柱状图的联动图表，如图 5-4 所示。

扫码看彩图

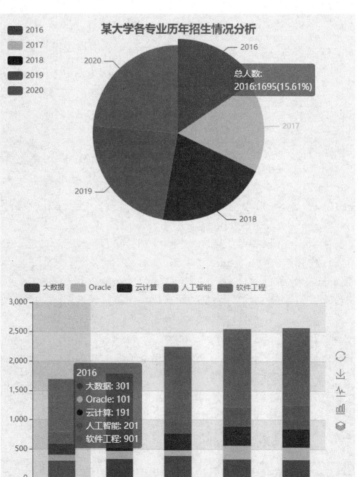

图 5-4　饼图与柱状图的联动图表

在图 5-4 中有两个图表：上方的饼图和下方的柱状图（柱状图也可以通过工具箱转为折线图）。当鼠标滑过饼图的某个扇区时，饼图出现的详情提示框显示相应扇区所对应年份的招生人数及其所占各年总招生人数的比例，同时柱状图（或折线图）也会相应地出现详情提示框，显示对应年份各个专业招生人数的详细数据。

在 ECharts 中实现图 5-4 所示的图形绘制，如代码 5-4 所示。

代码 5-4　饼图与柱状图的联动图表的关键代码

```
var myChart1 = echarts.init(document.getElementById("main1"));
var option1 = {  //指定第 1 个图表 option1 的配置项和数据
    color: ['red', 'Lime', 'blue', 'DarkGreen', 'DarkOrchid', 'Navy'],
    backgroundColor: 'rgba(128, 128, 128, 0.1)',  //配置背景色，rgba 设置
透明度为 0.1
    title: { text: '某大学各专业历年招生情况分析', x: 'center', y: 12 },
    tooltip: { trigger: "item", formatter: "{a}<br/>{b}:{c}({d}%)" },
    legend: {
        orient: 'vertical', x: 15, y: 15,
        data: ['2016', '2017', '2018', '2019', '2020']
    },
    series: [{  //配置第 1 个图表的数据系列
        name: '总人数:', type: 'pie',
        radius: '70%', center: ['50%', 190],
        data: [
            { value: 1695, name: '2016' }, { value: 1790, name: '2017' },
            { value: 2250, name: '2018' }, { value: 2550, name: '2019' },
            { value: 2570, name: '2020' }]
    }]
};
myChart1.setOption(option1);  //使用指定的配置项和数据显示饼图
//基于准备好的 dom，初始化 ECharts 图表
var myChart2 = echarts.init(document.getElementById("main2"));
var option2 = {  //指定第 2 个图表的配置项和数据
    color: ['red', 'Lime', 'blue', 'DarkGreen', 'DarkOrchid', 'Navy'],
    backgroundColor: 'rgba(128, 128, 128, 0.1)',  //配置背景色，rgba 设置
透明度为 0.1
    tooltip: { trigger: 'axis', axisPointer: { type: 'shadow' } },
//配置提示框组件
    legend: {  //配置图例组件
        left: 42, top: 25,
        data: ['大数据', 'Oracle', '云计算', '人工智能', '软件工程']
```

```
        },
        toolbox: {    //配置第 2 个图表的工具箱组件
            show: true, orient: 'vertical', left: 550, top: 'center',
            feature: {
                mark: { show: true }, restore: { show: true }, saveAsImage:
{ show: true },
                magicType: { show: true, type: ['line', 'bar', 'stack', 'tiled'] }
            }
        },
        xAxis: [{
            type: 'category',
            data: ['2016', '2017', '2018', '2019', '2020']
        }],   //配置第 2 个图表的 x 轴坐标系
        yAxis: [{ type: 'value', splitArea: { show: true } }],   //配置第 2 个
图表的 y 轴坐标系
        series: [   //配置第 2 个图表的数据系列
            {
                name: '大数据', type: 'bar', stack: '总量',
                data: [301, 334, 390, 330, 320], barWidth: 45,
            },
            { name: 'Oracle', type: 'bar', stack: '总量', data: [101, 134, 90,
230, 210] },
            { name: '云计算', type: 'bar', stack: '总量', data: [191, 234, 290,
330, 310] },
            { name: '人工智能', type: 'bar', stack: '总量', data: [201, 154,
190, 330, 410] },
            { name: '软件工程', type: 'bar', stack: '总量', data: [901, 934,
1290, 1330, 1320] }
        ]
    };
    myChart2.setOption(option2);   //使用指定的配置项和数据显示堆叠柱状图
    //多图表联动配置方法 1：分别设置每个 ECharts 对象的 group 值
    myChart1.group = 'group1';
    myChart2.group = 'group1';
    echarts.connect('group1');
    //多图表联动配置方法 2：直接传入需要联动的 ECharts 对象 myChart1、myChart2
    //echarts.connect([myChart1,myChart2]);
```

　　多图表联动的方法与代码 5-3 相同，在此不再详述。多图表的联动还可以通过事件来
实现。

任务 **5.2** 动态切换主题及自定义 ECharts 主题

任务描述

主题是 ECharts 图表的风格抽象，用于统一多个图表的风格样式。为了顺应不同的绘图风格需求，需要下载 ECharts 官方提供的 default、infographic、shine、roma、macarons、vintage 等主题，并利用某大学各专业招生数据实现动态主题的切换。此外，为了让图表整体换装，还需要制作自定义主题。

任务分析

（1）在 ECharts 中进行动态主题的切换。

（2）在 ECharts 中制作自定义主题。

5.2.1 在 ECharts 4.x 中动态切换主题

ECharts 是一款利用原生 JS 编写的图表类库，为打造数据可视化平台提供了良好的图表支持。在前端开发中，站点样式主题 CSS 是与样式组件的 CSS 样式分离的，这样可以根据不同的需求改变站点风格，如春节、中秋等节假日都需要改变站点风格。为顺应这种需求，百度 ECharts 团队提供了多种风格的主题。切换 ECharts 4.x 主题的步骤如下。

（1）下载主题文件。在使用主题之前需要下载主题.js文件（在 ECharts 官网上下载官方提供的主题，如 macarons.js 或者也可以自定义主题）。

（2）引用主题文件。将下载的主题.js文件引用到 HTML 页面中。注意，如果 ECharts 主题中需要使用到 jQuery，那么还应该再在页面中引用 jQuery 的.js文件。

（3）指定主题名。在 ECharts 对象初始化时，通过 init 的第 2 个参数指定需要引入的主题名。如 var myChart=echarts.init(document.getElementById('main'),主题名)。

利用某大学各专业招生情况绘制 ECharts 的 shine 主题柱状图，如图 5-5 所示。

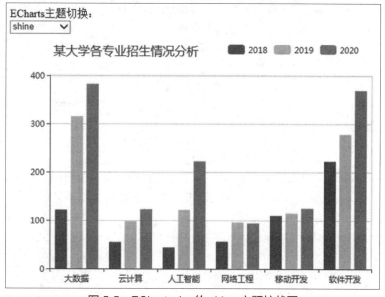

图 5-5　ECharts 4.x 的 shine 主题柱状图

图 5-5 中使用了 3 种不同的灰度表示每个专业分别在 2018 年、2019 年、2020 年的招生情况。

在 ECharts 中实现图 5-5 所示的图形绘制，如代码 5-5 所示。

代码 5-5　ECharts 4.x 的 shine 主题柱状图的完整代码

```html
<!DOCTYPE html>
<html>
<head>
    <meta http-equiv = "Content-Type" content = "text/html; charset = UTF-8">
    <script src = "js/echarts.js" type = "text/javascript" charset = "utf-8">
</script>
    <script src = "js/jquery-3.3.1.js"></script>
    <script src = 'js/roma.js'></script>
    <script src = 'js/macarons.js'></script>
    <script src = 'js/roma.js'></script>
    <script src = 'js/shine.js'></script>
    <script src = 'js/vintage.js'></script>
    <script src = 'js/infographic.js'></script>
</head>
<body>
    <div id = "themeArea"><label>ECharts 主题切换：</label></div>
    <select name = "" id = "sel">
        <option value = "dark">dark</option>
        <option value = "macarons">macarons</option>
        <option value = "infographic">infographic</option>
        <option value = "roma">roma</option>
        <option value = "shine">shine</option>
        <option value = "vintage">vintage</option>
    </select>
    <div id = 'main' style = "height:399px;"></div>
</body>
</html>
<script>
    //基于准备好的 dom，初始化 ECharts 实例
    var myChart = echarts.init(document.getElementById('main'), 'dark');
    var option = {  //指定图表的配置项和数据
        //backgroundColor:'WhiteSmoke',  //当设置了 color 和背景色后，主题的背景色无效
        title: { text: '某大学各专业招生情况分析', left: 60, top: 10 },
        tooltip: {}, //配置提示框组件
        legend: { left: 320, top: 10, data: ['2018', '2019', '2020'] },  //配置
图例组件
        xAxis: { data: ["大数据", "云计算", "人工智能", "网络工程", "移动开发", "软件
开发"] },
```

```
    grid: { show: true },  //配置网格组件
    yAxis: {},
    series: [  //配置数据系列
        { name: '2018', type: 'bar', data: [122, 55, 44, 56, 110, 222] },
        { name: '2019', type: 'bar', data: [315, 98, 122, 96, 115, 278] },
        { name: '2020', type: 'bar', data: [382, 123, 222, 94, 125, 369] },
    ]
};
//使用刚指定的配置项和数据显示图表
myChart.setOption(option);
$('#sel').change(function () {
    myChart.dispose();
    let Theme = $(this).val();
    //基于准备好的 dom, 初始化 ECharts 实例
    myChart = echarts.init(document.getElementById('main'), Theme);
    //使用刚指定的配置项和数据显示图表
    myChart.setOption(option);
});
</script>
```

在代码 5-5 中，首先引入主题的.js文件，接着，由于主题需要使用 jQuery，所以也需要引入 jquery–3.3.1.js 文件。最后，使用 jQuery 语句$(this).val()获得主题名称，在初始化 ECharts实例时，通过 init 的第 2 个参数指定需要引入的主题。

5.2.2 自定义 ECharts 主题

除了可以使用 ECharts 默认主题样式之外，还可以使用主题在线构建工具，根据需求快速、直观地生成主题配置文件，并在 ECharts 中使用自定义的主题样式。自定义主题的步骤如下。

（1）打开 ECharts 的主题构建工具，如图 5-6 所示。

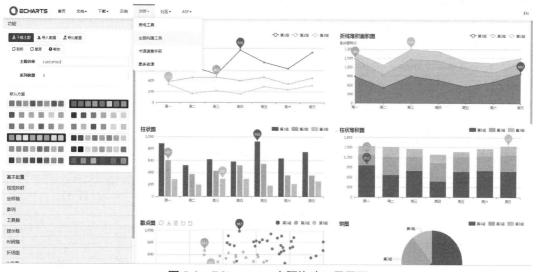

图 5-6 ECharts 4.x 主题构建工具界面

（2）选择和配置主题。在 ECharts 的主题构建工具中，有十几套主题可以选择。如果这些主题还满足不了需求，还可以设置各种配置。ECharts 提供了基本配置、视觉映射、坐标轴、图例、提示框、时间轴、数据缩放等各个模块的样式配置，配置形式相当丰富。对主题构建工具基本配置中的背景、标题、副标题等进行相应的配置，如图 5-7 所示。

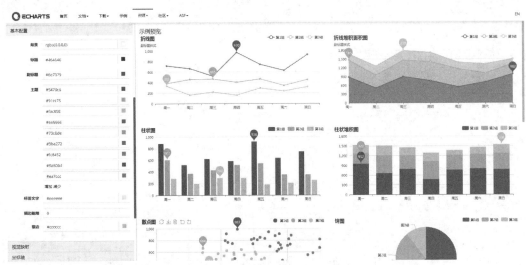

图 5-7　ECharts 4.x 主题构建工具基本配置模块的样式配置

（3）配置文件下载。在 ECharts 主题样式配置完成后，需要下载配置文件。单击主题构建工具页面左上角的"下载"按钮，弹出"主题下载"对话框，如图 5-8 所示，单击左边的"JS 版本"选项卡，将其中的代码复制到所命名的.js 格式的文件中保存。ECharts 提供了.js、.json 两种格式的文件，主题下载时应该选择.js 版本的配置文件。下载好.js 格式的文件后，对.js 格式文件的使用与 5.2.1 小节的方法相同。

图 5-8　"主题下载"对话框中的"JS 版本"选项卡

为了便于二次修改，ECharts 的主题构建工具支持导入、导出配置项，导出的配置项可以通过导入恢复配置。导出的.json 格式的文件仅可在 ECharts 的主题构建工具中导入使用，而不能直接作为主题在 ECharts 页面中使用。

任务 **5.3**　ECharts 中的事件和行为

任务描述

事件是用户或浏览器自身执行的某种动作，如 click、mouseover、页面加载完毕后触发 load 事件，都属于事件。为了记录用户的操作和行为路径，需要完成鼠标事件处理和组件交互的行为事件处理。

任务分析

（1）在 ECharts 中处理鼠标事件。

（2）在 ECharts 中处理组件交互的行为事件。

5.3.1　ECharts 中鼠标事件的处理

响应某个事件的函数称为事件处理程序，也可称为事件处理函数、事件句柄。鼠标事件即鼠标操作点击图表的图形（如 click、dblclick、contextmenu）或 hover 图表的图形（如 mouseover、mouseout、mousemove）时触发的事件。在 ECharts 中，用户的任何操作，都可能会触发相应的事件。在 ECharts 中，支持 9 种常规的鼠标事件，包括 click、dblclick、mousedown、mousemove、mouseup、mouseover、mouseout、globalout、contextmenu。其中，click 事件最为常用。常规的鼠标事件及说明如表 5-1 所示。

表 5-1　9 种常规的鼠标事件及说明

事件名称	事件说明
click	在目标元素上单击鼠标左键时触发。不能通过键盘触发
dblclick	在目标元素上双击鼠标左键时触发
mouseup	在目标元素上，鼠标按钮被释放弹起时触发。不能通过键盘触发
mousedown	在目标元素上，鼠标按钮（左键或右键）被按下时触发。不能通过键盘触发
mouseover	鼠标移入目标元素上方时触发，鼠标移动到其后代元素上也会触发
mousemove	鼠标在目标元素内部移动时不断触发。不能通过键盘触发
mouseout	鼠标移出目标元素上方时触发
globalout	鼠标移出了整个图表时触发
contextmenu	鼠标右键单击目标元素时触发，即鼠标右键单击事件，会弹出一个快捷菜单

在一个图表元素上相继触发 mousedown 和 mouseup 事件，才会触发 click 事件。两次 click 事件相继触发才会触发 dblclick 事件。如果取消了 mousedown 或 mouseup 中的一个，click 事件就不会被触发。如果直接或间接取消了 click 事件，dblclick 事件就不会被触发。

利用某学院 2020 年专业招生情况绘制柱状图，如图 5-9 所示。

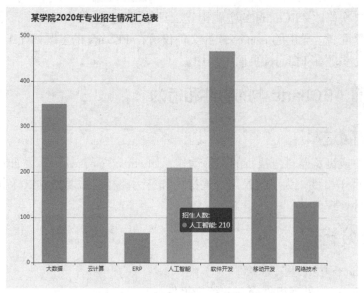

图 5-9　添加鼠标单击事件的柱状图

当单击图 5-9 中的"人工智能"柱体后，弹出一个提示对话框，如图 5-10 所示。

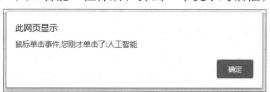

图 5-10　触发鼠标单击事件的提示对话框

单击图 5-10 中的"确定"按钮后，将自动打开相应的百度搜索页面，如图 5-11 所示。

图 5-11　触发鼠标单击事件后自动打开的搜索页面

在 ECharts 中实现图 5-9 所示的柱状图和鼠标单击事件触发，如代码 5-6 所示。

代码 5-6　添加鼠标单击事件的柱状图的关键代码

```
var option = {  //指定图表的配置项和数据
    color: ['LimeGreen', 'DarkGreen', 'red', 'blue', 'Purple'],
    backgroundColor: 'rgba(128, 128, 128, 0.1)',  //rgba 设置透明度为0.1
    title: { text: '某学院 2020 年专业招生情况汇总表', left: 70, top: 9 },
    tooltip: { tooltip: { show: true }, },
    legend: { data: ['2019 年招生'], left: 422, top: 8 },
    xAxis: {  //配置 x 轴坐标系
        data: ["大数据", "云计算", "ERP", "人工智能", "软件开发", "移动开发
", "网络技术"]
    },
    yAxis: {},  //配置 y 轴坐标系
    series: [{  //配置数据系列
        name: '招生人数:',
        type: 'bar', barWidth: 55,  //设置柱状图中每个柱子的宽度
        data: [350, 200, 66, 210, 466, 200, 135]
    }]
};
myChart.setOption(option);  //使用刚指定的配置项和数据显示图表
//回调函数处理鼠标单击事件并跳转到相应的百度搜索页面
myChart.on('click', function (params) {
    var yt = alert("鼠标单击事件,您刚才单击了:" + params.name);
    window.open('https://www.baidu.com/s?wd='                    +
encodeURIComponent(params.name));
});
window.addEventListener("resize", function () {
    myChart.resize();  //使图表自适应窗口的大小
});
```

在代码 5-6 中，通过 on 方法绑定鼠标的单击事件（click），鼠标事件包含一个参数 params，通过 params.name 获得用户鼠标单击的数据名称，再通过 window.alert 方法弹出一个对话框，最后通过 window.open 方法自动打开一个新的搜索网页。open 方法至少带一个参数，用于指定打开的新网页的网址，open 方法还可带多个其他参数用于指定新打开网页的其他属性。

在 ECharts 中，所有的鼠标事件都包含一个参数 params。params 是一个包含单击图形数据信息的对象，params 中的基本属性及含义如表 5-2 所示。

表 5-2　params 中的基本属性及含义

属性名称	属性含义
componentType	string，当前单击的图形元素所属的组件名称，其值如 series、markLine、markPoint、timeLine 等
seriesType	string，系列类型。其值可能为 line、bar、pie 等。当 componentType 为 series 时有意义
seriesIndex	number，系列在传入的 option.series 中的 index。当 componentType 为 series 时有意义
seriesName	string，系列名称。当 componentType 为 series 时有意义
name	string，数据名，类目名
dataIndex	number，数据在传入的 data 数组中的 index
data	object，传入的原始数据项
dataType	string，sankey、graph 等图表同时含有 nodeData 和 edgeData 两种 data。dataType 的值会是'node'或'edge'，表示当前单击在 node 还是 edge 上。其他大部分图表中只有一种 data，dataType 无意义
value	number 或 Array，传入的数据值
color	string，数据图形的颜色，当 componentType 为 series 时有意义

　　回调函数本身是主函数的一个参数，将回调函数作为参数传到另一个主函数中，当主函数执行完毕后，再执行回调函数。这个过程就叫作回调。在回调函数中获得对象中的数据名、系列名称，然后在数据中索引得到其他的信息后，再更新图表、显示浮层等。

　　利用产品销量和产量利润数据绘制柱状图，如图 5-12 所示。

扫码看彩图

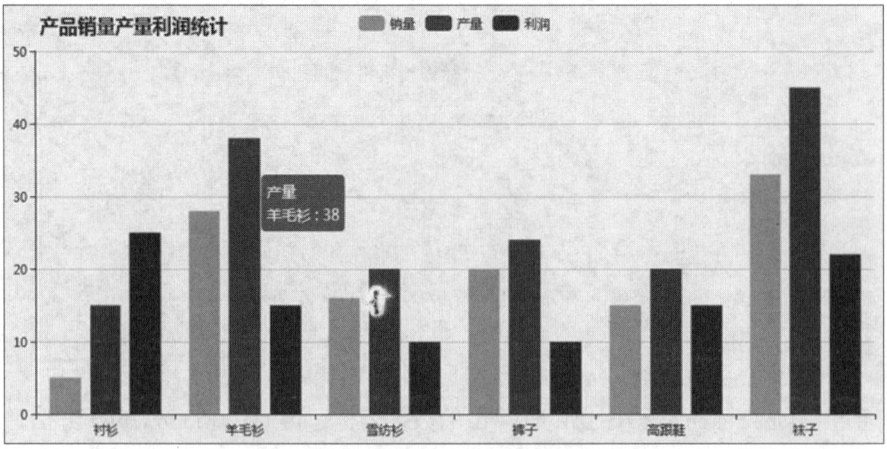

图 5-12　包含鼠标单击事件的参数 params 的柱状图

　　当单击图 5-12 中的第 2 件产品"羊毛衫"的"产量"柱体后，弹出一个提示对话框，如图 5-13 所示。

图 5-13 鼠标单击事件中参数 params 的基本属性的提示对话框

由图 5-13 可以得到图 5-12 中第 2 件产品"羊毛衫"的"产量"柱体 params 参数的各属性信息。

在 ECharts 中实现图 5-12 和图 5-13 所示的柱状图鼠标单击事件，如代码 5-7 所示。

代码 5-7 包含鼠标单击事件的参数 params 的柱状图关键代码

```
var option = {  //指定图表的配置项和数据
    color: ['LimeGreen', 'DarkGreen', 'red', 'blue', 'Purple'],
    backgroundColor: 'rgba(128, 128, 128, 0.1)',  //rgba 设置透明度为0.1
    title: { text: '产品销量产量利润统计', left: 70, top: 9 },
    xAxis: {  //配置 x 轴坐标系
        data: ["衬衫","羊毛衫","雪纺衫","裤子","高跟鞋","袜子"]
    },
    yAxis: {},  //配置 y 轴坐标系
    tooltip: {  //配置提示框组件
        trigger: 'item', show: true,
        formatter: "{a} <br/>{b} : {c}"
    },
    legend: {},
    series: [  //配置数据系列
        {  //设置数据系列1: 销量
            name: '销量', type: 'bar',
            data: [5, 28, 16, 20, 15, 33]
        },
        {  //设置数据系列2: 产量
```

```
            name: '产量', type: 'bar',
            data: [15, 38, 20, 24, 20, 45]
        },
        {    //设置数据系列 3：利润
            name: '利润', type: 'bar',
            data: [25, 15, 10, 10, 15, 22]
        }
    ]
};
myChart.setOption(option);  //使用刚指定的配置项和数据显示图表
window.addEventListener("resize", function () {
    myChart.resize();  //使图表自适应窗口的大小
});
//回调函数处理鼠标单击事件并显示各数据信息内容
myChart.on('click', function (params) {
    alert("第" + (params.dataIndex + 1) + "件产品:" + params.name + "的" +
        params.seriesName + "为:" + params.value +
        "\n\n 1--componentType:" + params.componentType +
        "\n 2--seriesType:" + params.seriesType +
        "\n 3--seriesIndex:" + params.seriesIndex +
        "\n 4--seriesName:" + params.seriesName +
        "\n 5--name:" + params.name +
        "\n 6--dataIndex:" + params.dataIndex +
        "\n 7--data:" + params.data +
        "\n 8--dataType:" + params.dataType +
        "\n 9--value:" + params.value +
        "\n 10--color:" + params.color);
});
```

在代码 5-7 中，可以通过调用回调函数访问鼠标事件的参数 params 中的基本属性，如 params.dataIndex、params.name、params.seriesName、params.value，在对话框第一行显示出 "第 2 件产品：羊毛衫的产量为：38"。倒数第 11 行至倒数第 2 行代码依次访问鼠标事件的参数 params 中的 10 种基本属性，并依次显示在图 5-13 提示对话框中的每一行上。注意，其中的 params.data 和 params.dataType 的值为 undefined。

5.3.2 ECharts 组件交互的行为事件

用户在使用交互的组件后将触发行为事件，即调用"dispatchAction"后触发的事件，如切换图例开关时触发的 legendselectchanged 事件（这里需要注意，切换图例开关是不会触发 legendselected 事件的）、数据区域缩放时触发的 datazoom 事件等。在 ECharts 中，基本上所有的组件交互行为都会触发相应的事件。

ECharts 中的交互事件及事件说明如表 5-3 所示。

表 5-3　ECharts 中的交互事件及事件说明

事件名称	事件说明
legendselectchanged	切换图例选中状态后的事件，图例组件用户切换图例开关会触发该事件，不管有没有选择，单击了就触发
legendselected	图例组件用 legendSelect 图例选中事件，即单击显示该图例时，触发就生效
legendunselected	用 legendUnSelect 图例取消选中事件
datazoom	数据区域缩放事件，缩放视觉映射组件
datarangeselected	selectDataRange 视觉映射组件中，range 值改变后触发的事件
timelinechanged	timelineChange 时间轴中的时间点改变后的事件
timelineplaychanged	timelinePlayChange 时间轴中播放状态的切换事件
restore	重置 option 事件
dataviewchanged	工具栏中数据视图的修改事件
magictypechanged	工具栏中动态类型切换的切换事件
geoselectchanged	geo 中地图区域切换选中状态的事件（用户单击会触发该事件）
geoselected	geo 中地图区域选中后的事件。使用 dispatchAction 可触发此事件，用户单击不会触发此事件（用户单击事件请使用 geoselectchanged）
geounselected	geo 中地图区域取消选中后的事件，使用 dispatchAction 可触发此事件，用户单击不会触发此事件（用户单击事件请使用 geoselectchanged）
pieselectchanged	series-pie 中饼图扇形切换选中状态的事件，用户单击会触发该事件
pieselected	series-pie 中饼图扇形选中后的事件，使用 dispatchAction 可触发此事件，用户单击不会触发此事件（用户单击事件请使用 pieselectchanged）
pieunselected	series-pie 中饼图扇形取消选中后的事件，使用 dispatchAction 可触发此事件，用户单击不会触发此事件（用户单击事件请使用 pieselectchanged）
mapselectchanged	series-map 中地图区域切换选中状态的事件，用户单击会触发该事件
mapselected	series-map 中地图区域选中后的事件，使用 dispatchAction 可触发此事件，用户单击不会触发此事件（用户单击事件请使用 mapselectchanged）
mapunselected	series-map 中地图区域取消选中后的事件，使用 dispatchAction 可触发此事件，用户单击不会触发此事件（用户单击事件请使用 mapselectchanged）
axisareaselected	平行坐标轴（Parallel）范围选取事件

在代码 5-7 的基础上新增加一段代码，添加图例选中事件，如代码 5-8 所示，运行结果如图 5-14 所示。

代码 5-8　图例选中事件的关键代码

```
myChart.on('legendselectchanged', function (params) {
    var isSelected = params.selected[params.name];
    //在控制台中打印
```

```
        console.log((isSelected ? '你选中了' : '你取消选中了') + '图例:' +
params.name);
        //打印所有图例的状态
        console.log(params.selected);
    });
```

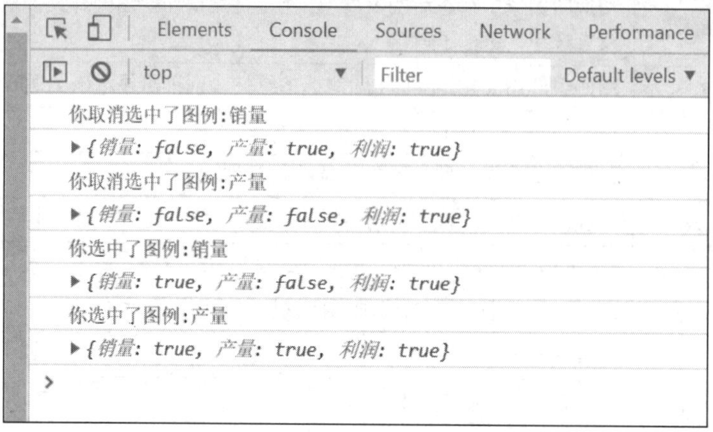

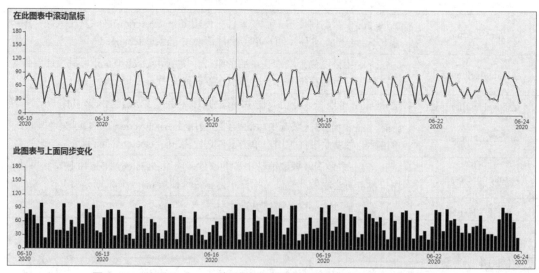

图 5-14 触发图例选中事件后在控制台中打印的用户单击操作

对于代码 5-8 中的触发图例开关事件（'legendselectchanged'），可以通过调用回调函数在控制台中打印出用户的单击操作。

由图 5-14 可以看出，用户的单击操作依次为"你取消选中了图例：销量"→"你取消选中了图例：产量"→"你选中了图例：销量"→"你选中了图例：产量"。

利用随机生成的 300 个数据绘制折线图与柱状图，如图 5-15 所示。

图 5-15 调用 datazoom（数据区域缩放组件）事件的折线图与柱状图

在图 5-15 中，有上、下两个图表，两个图表使用随机生成的 300 个相同的随机数据。调用折线图的滚动鼠标，可带动柱状图的图表同步变化，这主要是因为鼠标在折线图中滚动时，会产生 datazoom（数据区域缩放组件）事件。

在 ECharts 中实现图 5-15 所示的调用了 datazoom（数据区域缩放组件）事件的折线图与柱状图绘制，如代码 5-9 所示。

代码 5-9　调用 datazoom（数据区域缩放组件）事件的折线图与柱状图的关键代码

```
var traffic1 = echarts.init(document.getElementById("main1"));
var traffic2 = echarts.init(document.getElementById("main2"));
var data = [];
var now = new Date(2020, 5, 2, 24, 60, 60);
var oneDay = 24 * 600 * 600;  //设置控制 x 轴上时间的长短
function randomData() {  //产生随机数据的函数
    now = new Date(+now + oneDay);
    value = Math.random() * 80 + 20;
    return {
        name: now.toLocaleString('chinese', { hour12: false }),
        value: [
            now.toLocaleString('chinese', { hour12: false }),
            Math.round(value)
        ]
    }
}
for (var i = 0; i < 300; i++) {  //随机生成 300 个数据，存放在数组 data 中
    data.push(randomData());
}
var option1 = {  //指定图表 option1 的配置项和数据
    color: ['DarkGreen', 'red', 'LimeGreen', 'blue', 'Purple', 'GreenYellow',
'DarkTurquoise'],
    backgroundColor: 'rgba(128, 128, 128, 0.1)',  //rgba 设置透明度为 0.1
    title: { text: '在此图表中滚动鼠标', left: 110, top: 12 },  //配置标题组件
    tooltip: {  //配置提示框组件
        trigger: 'axis',
        formatter: function (params) {
            params = params[0]; var date = new Date(params.name);
            return date.getFullYear() + '年' + (date.getMonth() + 1) + '月' +
                date.getDate() + '日' + ' : ' + params.value[1];
        },
        axisPointer: { animation: false }  //设置坐标轴指示器
    },
    xAxis: { type: 'time', splitLine: { show: false } },  //配置 x 轴坐标系
    //配置 y 轴坐标系
```

```
        yAxis: { type: 'value', boundaryGap: [0, '100%'], splitLine: { show:
false } },
        dataZoom: [   //配置数据区域缩放组件
            {
                type: 'inside',   //设置两种取值 inside, slider
                show: true,
                start: 20,   //设置数据显示的开始位置
                end: 70,   //设置数据显示的终止位置
            },
        ],
        series: [{ name: '模拟数据', type: 'line', data: data }]   //配置数据系列
    };
    var option2 = {   //指定图表 option2 的配置项和数据
        color: ['blue', 'LimeGreen', 'red', 'DarkGreen', 'Purple', 'GreenYellow',
'DarkTurquoise'],
        backgroundColor: 'rgba(128, 128, 128, 0.1)',   //rgba 设置透明度为 0.1
        title: { text: '此图表与上面同步变化', left: 110, top: 12 },   //配置标题组件
        tooltip: {   //配置提示框组件
            trigger: 'axis',
            formatter: function (params) {
                params = params[0];
                var date = new Date(params.name);
                return date.getFullYear() + '年' + (date.getMonth() + 1) + '月' +
                    date.getDate() + '日' + ' : ' + params.value[1];
            },
            axisPointer: { animation: false }   //设置坐标轴指示器
        },
        xAxis: { type: 'time', splitLine: { show: false } },   //配置 x 轴坐标系
        //配置 y 轴坐标系
        yAxis: { type: 'value', boundaryGap: [0, '100%'], splitLine: { show:
false } },
        dataZoom: [   //配置数据区域缩放组件
            {
                type: 'inside',   //设置两种取值 inside, slider
                show: true,
                start: 0,   //设置数据显示的开始位置
                end: 100,   //设置数据显示的终止位置
            },],
        series: [{ name: '模拟数据', type: 'bar', data: data }]   //配置数据系列
```

```
    };
    traffic1.setOption(option1);   //使用指定的配置项和数据以显示图表
    traffic2.setOption(option2);   //使用指定的配置项和数据以显示图表
    traffic1.on('datazoom', function (params) {
        console.log(params);
        var startValue = traffic1.getModel().option.dataZoom[0].startValue;
        var endValue = traffic1.getModel().option.dataZoom[0].endValue;
        //获得起止位置百分比
        var startPercent = traffic1.getModel().option.dataZoom[0].start;
        var endPercent = traffic1.getModel().option.dataZoom[0].end;
        console.log(startValue, endValue, startPercent, endPercent);
        option2.dataZoom[0].start = startPercent;
        option2.dataZoom[0].end = endPercent;
        traffic2.setOption(option2);
    });
```

代码 5-9 的倒数第 12 行到倒数第 2 行对 datazoom（数据区域缩放组件）事件进行了相应的处理。

5.3.3　代码触发 ECharts 中组件的行为

除了用户的交互操作，有时也需要在程序里调用方法并触发图表的行为，如显示 tooltip、选中图例等。在 ECharts 3.x 和 ECharts 4.x 中，通过 dispatchAction({ type: ' ' })触发图表行为，统一管理了所有动作，也可以根据需要记录用户的行为路径。

利用影响健康、寿命的各类因素数据绘制圆环图，如图 5-16 所示。

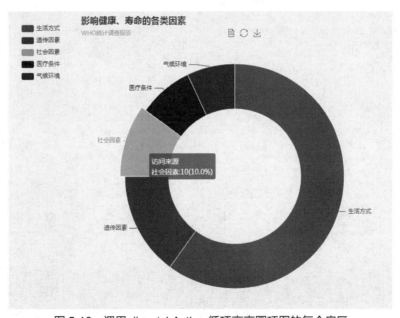

图 5-16　调用 dispatchAction 循环高亮圆环图的每个扇区

在图 5-16 中有以下动画效果。

（1）在高亮的扇区上显示 tooltip。

（2）鼠标没有移入时，圆环图自动循环高亮各扇区。

（3）鼠标移入时，取消自动循环高亮，只高亮鼠标选中的那一个扇区。

（4）鼠标移出后，又恢复自动循环高亮各扇区。

在 ECharts 中实现图 5-16 所示的调用 dispatchAction 循环高亮圆环图每个扇区的绘制，如代码 5-10 所示。

代码 5-10　调用 dispatchAction 循环高亮圆环图的每个扇区的关键代码

```
var option = {  //指定图表的配置项和数据
    color: ['DarkGreen', 'red', 'LimeGreen', 'blue', 'Purple', 'GreenYellow'],
    backgroundColor: 'rgba(128, 128, 128, 0.1)',  //rgba 设置透明度为 0.1
    title: {  //配置标题组件
        text: '影响健康、寿命的各类因素',  //设置主标题
        subtext: 'WHO 统计调查报告',  //设置次标题
        left: 144, top: 5  //设置主、次标题都左右居中
    },
    tooltip: {  //配置提示框组件
        trigger: 'item',
        //formatter: "{a} <br/>{b} : {c} ({d}%)",
        formatter: function (data) {
            //console.log(data)
            return data.seriesName + "<br/>" + data.name + ":" +
data.value

            //设置百分比为 1 位小数，默认为 2 位小数
            + "(" + data.percent.toFixed(1) + "%)";
        }
    },
    legend: {  //配置图例组件
        orient: 'vertical',  //设置垂直排列
        left: 22,  //设置图例左边距
        top: 22,  //设置图例顶边距
        data: ['生活方式', '遗传因素', '社会因素', '医疗条件', '气候环境'],
    },
    toolbox: {  //配置工具箱组件
        show: true,  //设置是否显示工具箱
        left: 444,  //设置工具箱左边距
        top: 28,  //设置工具箱顶边距
```

```
        feature: {
            mark: { show: true },
            dataView: { show: true, readOnly: false },
            magicType: {
                show: true,
                type: ['pie', 'funnel'],
                option: {
                    funnel: {
                        x: '25%', width: '50%',
                        funnelAlign: 'left', max: 1548
                    }
                }
            },
            restore: { show: true },
            saveAsImage: { show: true }
        }
    },
    calculable: true,
    series: [  //配置数据系列
        {
            cursor: 'crosshair',   //设置经过扇区时，鼠标的形状为十字线
            name: '访问来源', type: 'pie',
            itemStyle: {
                normal: {
                    borderColor: '#fff', borderWidth: 1,
                    label: { show: true, position: 'outer' },
                    labelLine: {
                        show: true, length: 4,
                        lineStyle: { width: 1, type: 'solid' }
                    }
                }
            },
            legendHoverLink: false,
            radius: ['45%', '75%'],  //设置半径，前者表示内半径，后者表示外半径
            center: ['58%', '55%'],  //设置圆心
            data: [{ value: 60, name: '生活方式' }, { value: 15, name: '遗传因素' },
            { value: 10, name: '社会因素' }, { value: 8, name: '医疗条件' },
```

```
                    { value: 7, name: '气候环境' }]  //设置数据的具体值
            }
        ]
};
myChart.setOption(option);  //使用刚指定的配置项和数据显示图表
//动画效果的要求
//(1)在高亮的扇区上显示 tooltip
//(2)鼠标没有移入时，圆环图自动循环高亮各扇区
//(3)鼠标移入时，取消自动循环高亮，只高亮鼠标选中的那一个扇区
//(4)鼠标移出后，又恢复自动循环高亮各扇区
var _this = this
var isSet = true  //为了做判断：当鼠标移上去时，自动高亮就被取消
var currentIndex = -1  //设置循环起始位置
//1--自动高亮展示
var chartHover = function () {  //创建自定义函数 chartHover
    var dataLen = option.series[0].data.length
    _this.myChart.dispatchAction({
        type: 'downplay',  //取消之前高亮的图形
        seriesIndex: 0,
        dataIndex: currentIndex
    })
    currentIndex = (currentIndex + 1) % dataLen
    _this.myChart.dispatchAction({
        type: 'highlight',  //高亮当前图形
        seriesIndex: 0,
        dataIndex: currentIndex
    })
    _this.myChart.dispatchAction({
        type: 'showTip',  //显示 tooltip
        seriesIndex: 0,
        dataIndex: currentIndex
    })
}
//调用 chartHover 自定义函数，时间间隔为 3 秒
_this.startCharts = setInterval(chartHover, 3000)
//2--鼠标移上去时的动画效果
this.myChart.on('mouseover', function (param) {
    isSet = false,
```

```
                    clearInterval(_this.startCharts),
                    _this.myChart.dispatchAction({
                        type: 'downplay',  //取消之前高亮的图形
                        seriesIndex: 0,
                        dataIndex: param.dataIndex
                    })
                _this.myChart.dispatchAction({
                    type: 'highlight',  //高亮当前图形
                    seriesIndex: 0,
                    dataIndex: param.dataIndex
                })
                _this.myChart.dispatchAction({
                    type: 'showTip',  //显示 tooltip
                    seriesIndex: 0,
                    dataIndex: param.dataIndex
                })
        })
        //3--鼠标移出后,恢复自动高亮
        this.myChart.on('mouseout', function (param) {
            if (!isSet) {
                //调用 chartHover 自定义函数,时间间隔为 3 秒
                _this.startCharts = setInterval(chartHover, 3000),
                isSet = true
            }
        });
```

代码 5-10 主要通过 dispatchAction({ type: ' ' })触发图表行为。在 type: ' '中,引号中的内容用于指定具体的行为,如'highlight'、'downplay'、'showTip'。在运行时,代码通过检测鼠标的行为调用相应的回调函数,myChart.on ('mouseover',function(param))设置了鼠标移入时的动画效果,myChart.on('mouseout', function(param))设置了鼠标移出之后的动画效果。在代码 5-10 中,设置了以下行为。

(1)type: 'highlight',高亮当前图形。

(2)type: 'downplay',取消高亮图形。

(3)type: 'showTip',显示 tooltip。

任务 5.4 异步数据加载与显示加载动画

任务描述

ECharts 中的数据一般是在初始化后的 setOption 中直接填入的,但是很多时候需要使用

异步模式进行数据加载。如果数据加载时间较长，则一个空的坐标轴放在画布上会让用户怀疑运行错误，此时需要使用一个 loading 动画来提示用户数据正在加载。

任务分析

（1）在 ECharts 中实现异步数据加载。

（2）在 ECharts 中异步加载时显示加载动画。

5.4.1 在 ECharts 中实现异步数据加载

在 ECharts 中实现异步数据加载的操作其实并不困难，在初始化图表后的任何时间内，都可以通过使用 jQuery 等工具实现异步数据加载，并通过 setOption 填入数据和配置项。还可以通过先设置图表样式，显示一个空的直角坐标轴，再获取数据、填入数据，并显示图表的方式实现异步数据的加载。

异步加载各专业人数统计数据并绘制饼图，如图 5-17 所示。

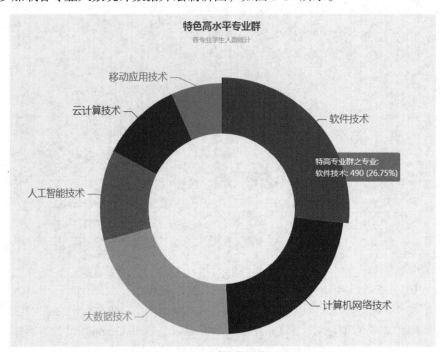

图 5-17　异步数据加载并绘制饼图

在 ECharts 中实现图 5-17 所示的图形绘制，如代码 5-11 所示。

代码 5-11　异步数据加载并绘制饼图的关键代码

```
myChart.showLoading();  //设置在加载数据前显示加载动画
$.get("data/ch6_5_2_data_pie.json").done(function (data) {
    data = JSON.parse(data),
        myChart.setOption({
            color: ['red', 'blue', 'LimeGreen', 'Teal', 'Purple', 'Olive'],
            backgroundColor: 'rgba(128, 128, 128, 0.1)',  //rgba 设置透明度为 0.1
```

```
      tooltip: {    //配置工具箱组件
          trigger: 'item',
          formatter: "{a} <br/>{b}: {c} ({d}%)"
      },
      title: {    //配置标题组件
          text: '特色高水平专业群',    //设置主标题
          subtext: '各专业学生人数统计',    //设置次标题
          left: 'center', top: 8    //设置主、次标题都左右居中
      },
      series: [    //配置数据系列
          {
              name: '特高专业群之专业:',
              type: 'pie',    //设置图表类型为饼图
              radius: ['45%', '75%'],    //设置饼图内、外圆的半径
              center: ['50%', '58%'],    //设置圆心的位置
              data: data.data_pie
          }
      ]
  })
});
```

代码 5-11 不是直接输入所要展示的数据，而是从本地文件"ch6_5_2_data_pie.json"中获取数据。数据文件"ch6_5_2_data_pie.json"的内容如下。

```
{
    "data_pie" : [
        {"value":490, "name":"软件技术"},
        {"value":410, "name":"计算机网络技术"},
        {"value":399, "name":"大数据技术"},
        {"value":214, "name":"人工智能技术"},
        {"value":196, "name":"云计算技术"},
        {"value":123, "name":"移动应用技术"}
    ]
}
```

当异步加载数据时，需要配置 Google 浏览器以支持 AJAX 请求，具体操作如下。

（1）右键单击"Google Chrome"快捷方式图标，在弹出的快捷菜单中选择最下面的"属性"选项。

（2）在弹出的"Google Chrome 属性"对话框中，在"目标"文本框中添加"--allow-file-access-from-files"，再单击"确定"按钮，如图 5-18 所示。

（3）打开 Google 浏览器。

（4）将网页文件拖放到打开的 Google 浏览器中。

图 5-18　"Google Chrome 属性"对话框设置

5.4.2　异步数据加载时显示加载动画

ECharts 默认提供了一个简单的加载动画，只需要在数据加载前，调用 showLoading 方法显示加载动画，在数据加载完成后，再调用 hideLoading 方法隐藏加载的动画即可。代码 5-11 使用了 ECharts 默认的简单加载动画。

当然，也可以根据需要使用 showLoading 方法自定义加载动画。异步加载某学院各专业男女生统计数据并绘制双柱状图，如图 5-19 所示。

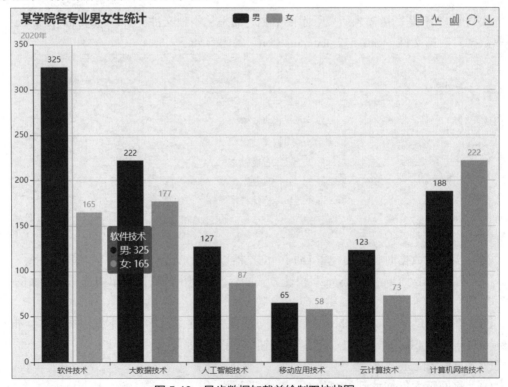

图 5-19　异步数据加载并绘制双柱状图

图 5-19 为自定义的数据加载动画结束后得到的双柱状图，其数据加载动画效果如图 5-20 所示。

图 5-20　数据加载动画效果

在 ECharts 中实现图 5-19 和图 5-20 所示的图形绘制，如代码 5-12 所示。

代码 5-12　异步数据加载中自定义 showLoading 方法的关键代码

```
myChart.setOption({  //指定图表的配置项和数据
    color: ['Purple', 'LimeGreen'],
    backgroundColor: 'rgba(128, 128, 128, 0.1)',  //rgba 设置透明度为 0.1
    title: {  //配置标题组件
        text: '某学院各专业男女生统计',
        subtext: '2020 年', top: 8, left: 66
    },
    tooltip: { trigger: 'axis' },  //配置工具箱组件
    legend: { data: ['男', '女'], top: 8 },  //配置图例组件
    toolbox: {  //配置工具框组件
        show: true, top: 8, left: 680,
        feature: {
            mark: { show: true },
            dataView: { show: true, readOnly: false },
            magicType: { show: true, type: ['line', 'bar'] },
            restore: { show: true },
```

```
                    saveAsImage: { show: true }
                },
            },
            calculable: true,
            xAxis: [{ type: 'category', data: [] }],  //配置 x 轴坐标系, 对应各专业名称
            yAxis: [{ type: 'value' }],  //配置 y 轴坐标系
            series: [  //配置数据系列
                {
                    name: '男', type: 'bar',
                    data: [],  //设置对应男生数据
                    itemStyle: {
                        normal: {
                            label: {
                                show: true, position: 'top'
                            }
                        }
                    }
                },
                {
                    name: '女', type: 'bar',
                    data: [],  //设置对应女生数据
                    itemStyle: {
                        normal: { label: { show: true, position: 'top' } }
                    }
                }
            ]
});
//异步加载数据, 第 2 步: 异步获取数据并填充数据
//myChart.showLoading();  //在加载数据前, 显示加载动画
myChart.showLoading({  //自定义的加载动画
    text: '请您稍稍休息片刻,loading data...',  //设置提示的文字
    color: 'blue',  //设置转动的圆圈的颜色
    textColor: 'red',  //设置文字的颜色
    maskColor: 'rgba(160, 255, 255, 0.2)'  //设置蒙版的颜色
});
//获取和处理数据
$.get("data/ch6_5_3_data.json").done(function (data) {
    var d = JSON.parse(data);  //设置 json 数据
```

```
        var boyList = [];  //设置男生数组
        var girlList = [];  //设置女生数组
        var specList = [];  //设置专业名称数组
        //循环获取男生数量、女生数量及专业名称
        for (var i = 0; i < d.data.length; i++) {
            if (d.data[i].sex == '男') {
                boyList.push(d.data[i].value);
                specList.push(d.data[i].specName);
            } else {
                girlList.push(d.data[i].value);
            }
        }
        //将数据添加到数据图表中
        myChart.setOption({
            xAxis: { data: specList },  //设置显示各专业名称
            yAxis: {},
            series: [{ name: '男', type: 'bar', data: boyList },
            { name: '女', type: 'bar', data: girlList }]  //设置显示男、女系列的数据
        });
    });
    myChart.hideLoading();  //加载数据完成后，隐藏加载动画
```

代码 5-12 不是直接输入所要展示的数据，而是从本地文件 "ch6_5_3_data.json" 中获取数据。数据文件 "ch6_5_3_data.json" 的内容如下。

```
{
    "data":
    [
        {"sex":"男",    "value":325,    "specName":"软件技术"},
        {"sex":"女",    "value":165,    "specName":"软件技术"},


        {"sex":"男",    "value":222,    "specName":"大数据技术"},
        {"sex":"女",    "value":177,    "specName":"大数据技术"},


        {"sex":"男",    "value":127,    "specName":"人工智能技术"},
        {"sex":"女",    "value":87,     "specName":"人工智能技术"},


        {"sex":"男",    "value":65,     "specName":"移动应用技术"},
        {"sex":"女",    "value":58,     "specName":"移动应用技术"},
```

```
        {"sex":"男",    "value":123,    "specName":"云计算技术"},
        {"sex":"女",    "value":73,     "specName":"云计算技术"},


        {"sex":"男",    "value":188,    "specName":"计算机网络技术"},
        {"sex":"女",    "value":222,    "specName":"计算机网络技术"}
    ]
}
```

在自定义数据加载动画中，可根据需要定义提示的文字、文字的样式、effect（可选'spin'、'bar'、'ring'、'whirling'、'dynamicLine'、'bubble'，必须引入 echarts27–all.js 才可设置 effect 属性）、数据加载动画蒙板颜色等属性。

小结

本章通过实用案例，介绍了在 ECharts 中的高级功能，包括使图表更具表现力的图表混搭功能、使多个数据同时显示的多图表联动功能、动态切换主题功能、自定义 ECharts 主题功能、使图表更加灵活响应用户多种操作行为的事件和行为处理功能、使数据不再局限于固定的配置而更加灵活地获取外部数据的异步数据加载功能等。

实训

实训 1　温度与降水量、蒸发量的关系分析

1. 训练要点

掌握 ECharts 混搭图表的绘制。

2. 需求说明

基于"温度与降水量蒸发量.xlsx"数据，绘制折线图与柱状图混搭图表，分析温度与降水量、蒸发量的关系。

3. 实现思路及步骤

（1）在 Eclipse 中创建折线图与柱状图混搭图表.html 文件。

（2）绘制折线图与柱状图混搭图表。首先，在折线图与柱状图混搭图表.html 文件中引入 echarts.js 库文件。其次，准备一个指定了大小的 div 容器，并使用 init()方法初始化容器。最后，设置折线图和柱状图的配置项，以及设置"温度""降水量""蒸发量"数据，完成混搭图表的绘制。

实训 2　咖啡店热门订单分析

1. 训练要点

（1）掌握 ECharts 多图表联动图形的绘制。

（2）掌握 ECharts 加载异步数据的操作。

2. 需求说明

基于"咖啡店各年订单.json"数据，绘制饼图与折线图的多图表联动图形，对咖啡店

各年订单数据进行分析。

3. 实现思路及步骤

（1）在 Eclipse 中创建饼图与折线图联动图表.html 文件。

（2）绘制饼图与折线图联动图表。首先，在饼图与折线图联动图表.html 文件中引入 echarts.js 库文件。其次，准备一个指定了大小的 div 容器，并使用 init()方法初始化容器。最后，设置饼图与折线图的图表样式后，获取数据、填入数据并显示图表。

第 6 章 应用实战：无人售货机零售项目 ECharts 展现

无人售货机在当今已得到普及，通常被放置在公司、学校、旅游景点等人流密集的地方。本章主要介绍使用 ECharts 展现无人售货机零售项目，本项目结合无人售货机的行业背景，在对现有数据进行处理后，利用 ECharts 呈现交互式可视化图表，并提供相应的无人售货机市场需求分析及产品升级方案。

学习目标

（1）了解无人售货机市场现状。
（2）熟悉无人售货机案例分析的步骤与流程。
（3）使用 ECharts 展示无人售货机销售总情况。
（4）使用 ECharts 展示无人售货机销售分析。
（5）使用 ECharts 展示无人售货机库存分析。
（6）使用 ECharts 展示无人售货机用户分析。

任务 6.1　了解无人售货机零售项目背景

任务描述

科技是第一生产力、人才是第一资源、创新是第一动力，零售业凭借创新驱动发展战略，借助科技实现智能、自助式购物。无人售货机是商业自动化的常用设备，它不受时间、地点的限制，能节省人力、方便交易。某公司部署的无人售货机目前经营状况并不理想，为了挖掘经营状况不理想的具体原因，需要了解该公司后台管理系统数据的基本情况。

任务分析

（1）了解无人售货机的产业背景。
（2）熟悉无人售货机市场分析的步骤与流程。

6.1.1　分析无人售货机现状

无人售货机产业正在走向信息化，并将进一步实现合理化。从无人售货机的发展趋势来看，其出现是劳动密集型产业构造向技术密集型转变的产物。大量生产、大量消费以及消费模式和销售环境的变化，要求出现新的流通渠道；而超市、百货购物中心等流通渠道的人工费用也在不断上升，加上场地的局限性和购物便利性等因素的制约，无人售货机作为一种必需的机器应运而生。

某公司部署的无人售货机销售额提升缓慢，订单量并未达到预期。为了探究问题的具体原因，需要结合销售背景从销售、库存、用户 3 个方向进行分析，并利用 ECharts 可视化展现销售现状，从而分析问题所在。注：本章绘图涉及的.js 文件均在本书的配套资料中。

6.1.2　了解无人售货机数据情况

目前，无人售货机后台管理系统积累了大量的用户购买记录。在无人售货机信息表数据预处理与建模完成后，从无人售货机销售的整体情况、销售情况、库存情况和用户情况 4 个方向对预处理和建模后的数据进行可视化展现与分析。可视化使用到的数据表如表 6-1 所示。

表 6-1　可视化使用到的数据表

可视化方向	数据表名称
整体情况分析	无人售货机各特征数据.json
	售货机销售金额及销售金额增长率数据.json
	商品销售金额前 5 名.json
	不同地点售货机销售数据.json
	不同支付方式用户人数.json
销售分析	不同区域的各指标数据.json
	商品销售数量前 10 名.json
	商品销量数量和价格数据.json
	销售金额实际值与预测值.json
库存分析	不同地点售货机库存数量和缺货数量.json
	不同类型的商品库存数量.json
	商品库存数量和销售数量.json
	商品滞销数据.json
	各类商品存货周转天数.json
用户分析	用户消费地点数据.json
	用户消费时段数据.json
	近 5 天新增和流失用户数据.json
	用户分群数据.json
	不同类型用户的人数.json
	用户购买的商品名称和商品数量数据.json

任务 **6.2**　可视化展示销售情况总分析

任务描述

为了掌握无人售货机的运营情况，需要利用商品的订单量、毛利率、销售金额等指标分析商品的整体销售情况。

任务分析

（1）绘制仪表盘展示各特征及其环比增长率。

（2）绘制销售金额簇状柱状–折线图。

（3）绘制商品销售金额前 5 名条形图。

（4）绘制售货机销售情况簇状柱状图。

（5）绘制用户支付占比饼图。

6.2.1 绘制仪表盘展示各特征及其环比增长率

环比增长率是以某一期的数据和上期的数据进行比较，计算所得到的趋势百分比。用户可以根据环比增长率观察数据的增减变化情况，反映本期比上期增长了多少。通过使用仪表盘展示数据，可以清晰地看出某个指标值所在的范围。无人售货机各特征数据如表 6-2 所示。

表 6-2　无人售货机各特征数据

销售金额（元）	订单量（个）	毛利润（元）	售货机数量（台）	购买用户数（人）
651400	18000	186000	10857	21
325700	8777	93096	1059	10
218590	790	25505	354	6

1. 销售金额及其环比增长率

使用仪表盘对销售金额及其环比增长率进行展示，如图 6-1 所示，绘制图 6-1 的代码详见 charts.total.js 文件。

由图 6-1 可以看出，当前销售金额为 325700 元，销售金额环比增长率为–1.4%。

2. 订单量及其环比增长率

使用仪表盘对订单量及其环比增长率进行展示，如图 6-2 所示，绘制图 6-2 的代码详见 charts.total.js 文件。

图 6-1　销售金额及其环比增长率仪表盘

图 6-2　订单量及其环比增长率仪表盘

由图 6-2 可以看出，当前订单数量为 8777 个，订单量环比增长率为 11.1%。

3. 毛利润及其环比增长率

使用仪表盘对毛利润及其环比增长率进行展示，如图 6-3 所示，绘制图 6-3 的代码详见 charts.total.js 文件。

由图 6-3 可以看出，当前毛利润为 93096 元，毛利润环比增长率为 3.6%。

4. 售货机数量及其环比增长率

使用仪表盘对售货机数量及其环比增长率进行展示，如图 6-4 所示，绘制图 6-4 的代码详见 charts.total.js 文件。

图 6-3　毛利润及其环比增长率仪表盘

图 6-4　售货机数量及其环比增长率仪表盘

由图 6-4 可以看出，当前售货机数量为 1059 台，售货机数量环比增长率为 2.99%。

5. 购买用户数及其环比增长率

使用仪表盘对购买用户数及其环比增长率进行展示，如图 6-5 所示，绘制图 6-5 的代码详见 charts.total.js 文件。

由图 6-5 可以看出，当前的购买用户数量为 10 人，购买用户数环比增长率为 1.77%。

图 6-5　购买用户数及其环比增长率仪表盘

6.2.2　绘制簇状柱状−折线图展示销售金额变化趋势

2019 年 9 月售货机销售金额及其环比增长率的部分数据如表 6-3 所示。

表6-3　2019 年 9 月售货机销售金额及其环比增长率部分数据

日期	销售金额（元）	销售金额环比增长率（%）
2019-09-01	12837.00	0
2019-09-02	10000.00	−0.2
2019-09-03	9326	−0.1
2019-09-04	13882	0.49
2019-09-05	9150	−0.29
2019-09-06	8800	0
2019-09-07	13500	0.2
2019-09-08	11000	0.35
2019-09-09	7200	−0.36
2019-09-10	7800	0.33
2019-09-11	9000	0.35
2019-09-12	3850	−0.2
2019-09-13	5450	−0.35

　　使用簇状柱状–折线图对 2019 年 9 月的售货机销售金额和销售金额环比增长率进行展示，如图 6-6 所示，绘制图 6-6 的代码详见 charts.total.js 文件。

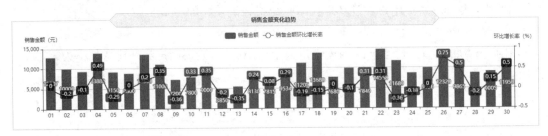

图 6-6　销售金额变化趋势簇状柱状-折线图

　　由图 6-6 可以看出，每日销售金额最低为 3850 元，最高为 14568 元，平均每天的销售额在 5000 元以上。每日销售金额环比增长率波动幅度较大。

6.2.3　绘制条形图展示商品销售金额前 5 名

　　对商品的销售金额进行统计后，得到销售金额排名前 5 的商品数据，如表 6-4 所示。

表6-4　商品销售金额前 5 名

商品名称	销售金额（元）
井水豆腐香辣味	570
沙琪玛	437

续表

商品名称	销售金额（元）
香芋面包	228
卫龙大面筋	207
营养快线	199

使用条形图对销售金额排名前 5 的商品进行展示，如图 6-7 所示，绘制图 6-7 的代码详见 charts.total.js 文件。

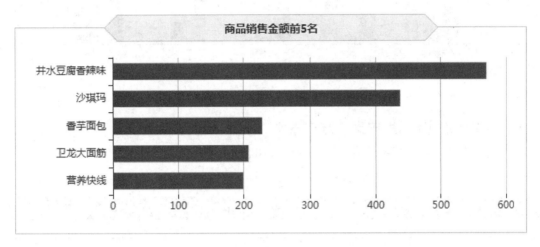

图 6-7　商品销售金额前 5 名条形图

由图 6-7 可以看出，销售金额排名前 5 的商品分别为井水豆腐香辣味、沙琪玛、香芋面包、卫龙大面筋、营养快线。

6.2.4　绘制簇状柱状图展示售货机销售情况

对不同地点售货机的销售金额、订单量和毛利润进行统计后，得到表 6-5 所示的结果。

表 6-5　不同地点售货机销售数据

地点	销售金额（元）	订单量（个）	毛利润（元）
教学楼	228	160	245
食堂	199	50	359
体育馆	207	100	50
田径场	437	180	100
操场	570	200	260

使用簇状柱状图对统计结果进行展示，如图 6-8 所示，绘制图 6-8 的代码详见 charts.total.js 文件。

由图 6-8 可以看出，操场的售货机销售金额是最高的，其次是田径场，而教学楼、食堂和体育馆的销售金额相对较低；虽然食堂的售货机订单量相对较少，但是食堂的售货机毛利润是各个地点中最高的。

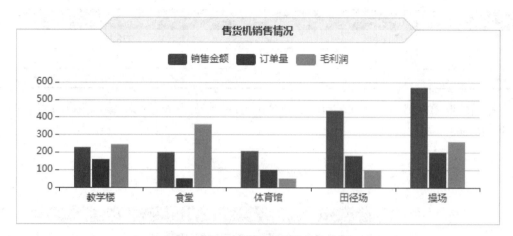

图 6-8　售货机销售情况簇状柱状图

6.2.5　绘制饼图展示用户支付方式占比

对用户支付方式进行统计后，得到的结果如表 6-6 所示。

表 6-6　不同支付方式用户人数

支付方式	用户人数（人）
支付宝	800
微信	760
现金	234

使用饼图对不同的支付方式占比进行展示，如图 6-9 所示，绘制图 6-9 的代码详见 charts.total.js 文件。

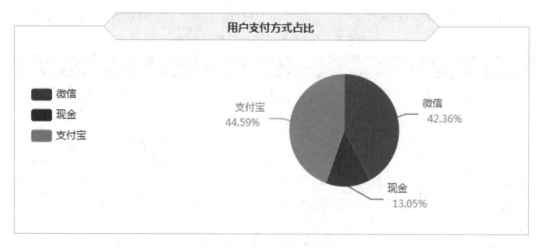

图 6-9　用户支付方式占比饼图

由图 6-9 可以看出，大部分用户使用微信或支付宝进行支付，只有小部分用户使用现金进行支付。

6.2.6　销售总情况大屏可视化

大屏数据可视化是以大屏为主要展示载体的数据可视化设计。利用面积大、可展示信息多等特点，通过关键信息大屏共享的方式，可方便团队讨论、决策。

对无人售货机的销售总情况进行大屏可视化展示，如图 6-10 所示。

由图 6-10 可以看出，除销售金额外，其余各特征的环比增长率均大于 0；平均每天的销售额在 5000 元以上，每日销售金额环比增长率波动幅度较大，2019 年 9 月 26 日销售额的增长速度最快；在支付方式上，用户普遍使用微信或支付宝进行支付。

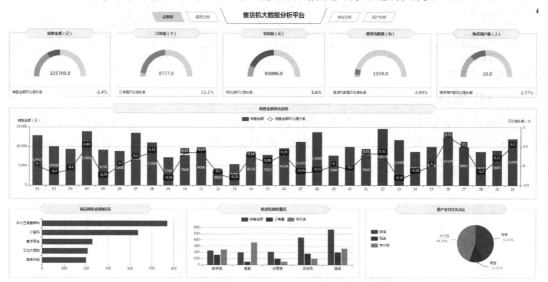

图 6-10　无人售货机销售总情况大屏可视化展示

任务 **6.3**　可视化展现销售分析

任务描述

为了使该公司无人售货机销售状况更加清晰，需要利用处理好的数据进行销售分析，选取出需要分析的关键字段，完成可视化模块，直观地展示销售走势以及销售情况。

任务分析

（1）绘制南丁格尔玫瑰图。
（2）绘制商品销售数量条形图。
（3）绘制商品价格区间气泡图。
（4）绘制销售金额实际值与预测值折线图。

6.3.1　绘制南丁格尔玫瑰图

南丁格尔玫瑰图是将柱状图转化为更美观的饼图形式，是极坐标化的柱状图。不同于饼图用角度表现数值或占比，南丁格尔玫瑰图使用扇形的半径表示数据的大小。为了方便对比分析不同区域无人售货机的销售情况，可以使用南丁格尔玫瑰图对各区域无人售货机的销售金额、订单量、客单价等指标进行可视化展示。不同区域的各指标数据如表 6-7 所示。

表 6-7　不同区域的各指标数据

地点	销售金额（元）	订单量（个）	毛利润（元）	客单价（元）
教学楼	283122	9097	146805	12.07
食堂	253597	5597	104936	9.13
体育馆	299874	8608	157321	11.03
田径场	260256	7602	160256	14.8
操场	186585	4865	186585	12.6

1. 销售金额

使用南丁格尔玫瑰图展示不同地点无人售货机的销售金额，观察不同地点售货机的销售金额占总销售金额的比例，如图 6-11 所示，绘制图 6-11 的代码详见 charts.sale.js 文件。

由图 6-11 可以看出，体育馆的售货机销售金额占比最大，其次是教学楼；操场的售货机销售金额占比最小。

扫码看彩图

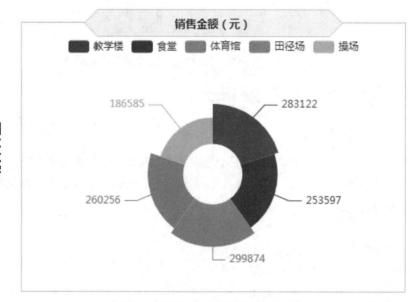

图 6-11　销售金额占比南丁格尔玫瑰图

2. 订单量

使用南丁格尔玫瑰图展示不同地点无人售货机的订单量，观察不同地点售货机的订单量占总订单量的比例，如图 6-12 所示，绘制图 6-12 的代码详见 charts.sale.js 文件。

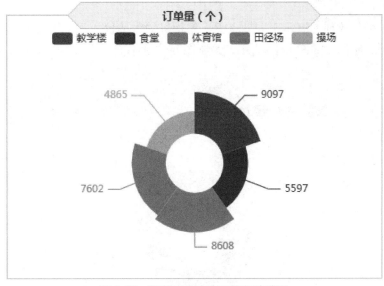

图 6-12 订单量占比南丁格尔玫瑰图

由图 6-12 可以看出，教学楼的售货机订单量占比最大，订单量达到 9097 个，其次是体育馆，订单量占比最小的售货机地点是操场，订单量为 4865 个。

3. 毛利润

使用南丁格尔玫瑰图对不同地点售货机的毛利润进行展示，观察不同地点售货机的毛利润占总毛利润的比例，如图 6-13 所示，绘制图 6-13 的代码详见 charts.sale.js 文件。

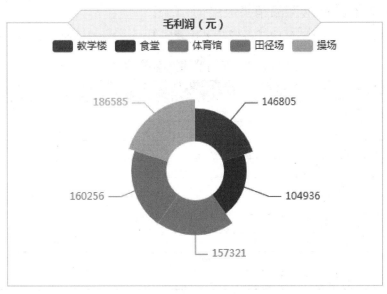

图 6-13 毛利润南丁格尔玫瑰图

由图 6-13 可以看出，操场的售货机毛利润占比最大，毛利润达到 186585 元，其次是田径场，毛利润占比最小的售货机地点是食堂。

4. 客单价

使用南丁格尔玫瑰图展示不同地点无人售货机的客单价，观察不同地点售货机的客单价占总客单价的比例，如图 6-14 所示，绘制图 6-14 的代码详见 charts.sale.js 文件。

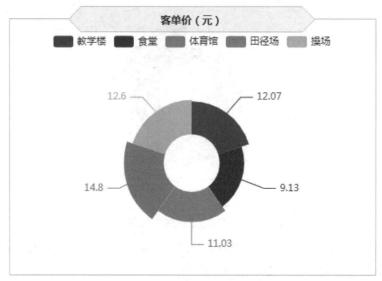

图 6-14　客单价南丁格尔玫瑰图

由图 6-14 可以看出，田径场的售货机客单价最高，其次是操场，售货机客单价最低的地点是食堂。

6.3.2　绘制条形图展示商品销售数量前 10 名

对商品销售数量进行统计后，得到销售数量前 10 名的商品数据，如表 6-8 所示。

表 6-8　商品销售数量前 10 名

商品名称	销售数量（个）
井水豆腐香辣味	9
沙琪玛	9
香芋面包	5
卫龙大面筋	6
营养快线	3
小鱼仔	10
王老吉	13
旺旺牛奶	13
安慕希	16
蒙牛纯牛奶	21

使用条形图对销售数量前 10 名的商品进行展示，如图 6-15 所示，绘制图 6-15 的代码详见 charts.sale.js 文件。

由图 6-15 可以看出，销售数量排名前 10 的商品分别为营养快线、香芋面包、卫龙大面筋、沙琪玛、井水豆腐香辣味、小鱼仔、王老吉、旺旺牛奶、安慕希和蒙牛纯牛奶，其中，销量最高的为蒙牛纯牛奶，数量超过 20 个。

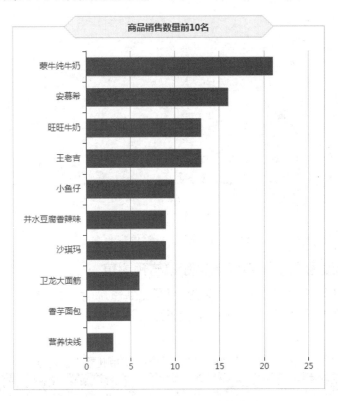

图 6-15　商品销售数量前 10 名的条形图

6.3.3　绘制气泡图展示商品价格区间

商品销售数量和商品价格数据如表 6-9 所示。

表 6-9　商品销售数量和商品价格数据

商品名称	销售数量（个）	商品价格（元）
安慕希	8	6.5
井水豆腐香辣味	13	1.8
蒙牛纯牛奶	13.5	3.5
沙琪玛	9	2.6
王老吉	14	3.8
小鱼仔	22	1.5
优酸乳	10.5	4.5
咖啡	18	5.5
可口可乐	16	4.8

使用气泡图对商品销售数量和商品价格进行展示，如图 6-16 所示，绘制图 6-16 的代码详见 charts.sale.js 文件。

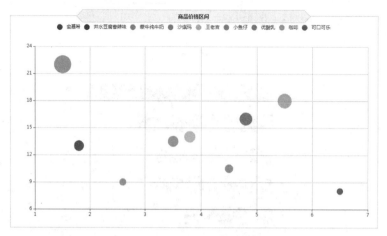

图 6-16　商品价格区间气泡图

由图 6-16 可以看出，小鱼仔是销量最高、单价最低的商品。

6.3.4　绘制折线图展示销售金额实际值与预测值

在分析了实际的销售金额后，如果想要预测之后的商品销售情况，可以使用折线图进行展示，如图 6-17 所示，绘制图 6-17 的代码详见 charts.sale.js 文件。销售金额实际值与预测值部分数据如表 6-10 所示。

表 6-10　销售金额实际值与预测值部分数据

日期	销售金额实际值（万元）	销售金额预测值（万元）
1 日	1.2	1
2 日	1.4	1
3 日	1.3	1
4 日	1.1	1
5 日	1.2	1
6 日	0.8	1

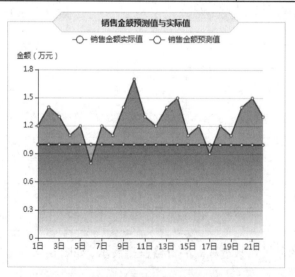

图 6-17　销售金额实际值与预测值折线图

由图 6-17 可以看出，商品实际销售金额的波动幅度较大。

6.3.5　销售分析大屏可视化

对无人售货机销售情况进行大屏可视化，如图 6-18 所示。

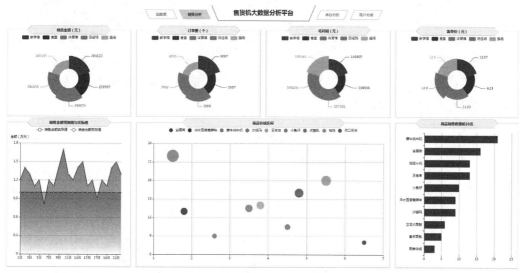

图 6-18　销售分析大屏可视化

由图 6-18 可以看出，在不同区域的无人售货机中，体育馆的售货机销售金额占比最大，教学楼的售货机订单量占比最大，售货机毛利润占比最大的是操场，售货机客单价最大的是田径场；单价较低的商品销量较高。

任务 6.4　可视化展现库存分析

任务描述

无人售货机库存管理是影响企业赢利能力的重要因素之一。依据无人售货机行业背景知识，对售货机库存情况进行可视化展示，通过对数据的多维度展现，分析现有的库存体系，为决策提供数据支持，还原库存体系原貌。

任务分析

（1）绘制售货机商品数量簇状柱状图。
（2）绘制品类库存占比环形图。
（3）绘制商品存销量堆积条形图。
（4）绘制滞销商品簇状柱状–折线图。
（5）绘制商品存货周转天数矩形树图。

6.4.1　绘制簇状柱状图展示售货机商品数量

分别对不同地点的售货机库存数量和缺货数量比例进行统计后，得到的结果如表 6-11 所示。

表 6-11　不同地点售货机库存数量和缺货数量

地点	库存数量（个）	缺货数量（个）
教学楼	195	80
食堂	150	170
体育馆	120	250
田径场	110	50
操场	212	100

使用簇状柱状图对不同地点的售货机设备容量情况进行展示，如图 6-19 所示，绘制图 6-19 的代码详见 charts.int.js 文件。

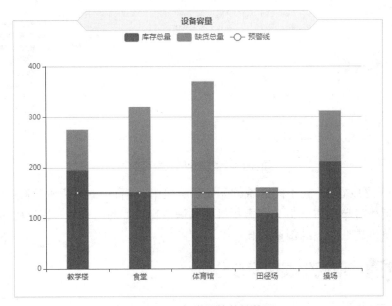

图 6-19　设备容量簇状柱状图

由图 6-19 可以看出，食堂和体育馆这两个地点的售货机商品缺货数量相对较多，教学楼和操场的售货机商品库存数量相对较多。

6.4.2　绘制环形图展示品类库存占比

对不同类型的商品库存数量进行统计后，得到的结果如表 6-12 所示。

表 6-12　不同类型的商品库存数量

一级商品类型	二级商品类型	库存数量（个）	总库存数量（个）
饮料类	碳酸饮料	510	1189
	乳类	310	
	水	234	
	茶	135	
非饮料类	辣类	335	1519
	饼干类	251	

续表

一级商品类型	二级商品类型	库存数量（个）	总库存数量（个）
非饮料类	糖果类	247	1519
	油炸类	252	
	坚果类	202	
	面包类	232	

使用环形图对不同类型的商品库存数量进行展示，如图 6-20 所示，绘制图 6-20 的代码详见 charts.int.js 文件。

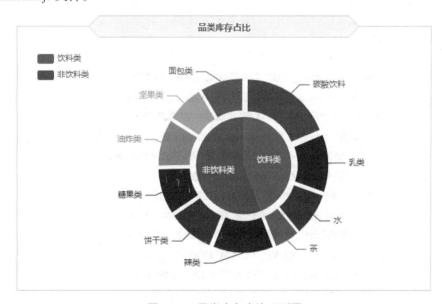

图 6-20　品类库存占比环形图

由图 6-20 可以看出，饮料类商品库存数量相对较少，碳酸饮料类商品库存数量最多，茶类商品库存数量最少，其他类型的商品库存数量都相差不大。

6.4.3　绘制堆积条形图展示商品存销量

商品库存数量和销售数量数据如表 6-13 所示。

表 6-13　商品库存数量和销售数量

商品名称	库存数量（个）	销售数量（个）
营养快线	120	144
香芋面包	85	148
沙琪玛	95	165
井水豆腐香辣味	98	167
小鱼仔	100	168
王老吉	105	170
旺旺牛奶	105	175
安慕希	110	180
蒙牛纯牛奶	110	190

商品名称	库存数量（个）	销售数量（个）
卫龙大面筋	109	195
老坛酸菜面	68	205
QQ 糖	52	215
酸枣糕	51	230

使用堆积条形图对商品库存数量和销售数量进行展示，如图 6-21 所示，绘制图 6-21 的代码详见 charts.int.js 文件。

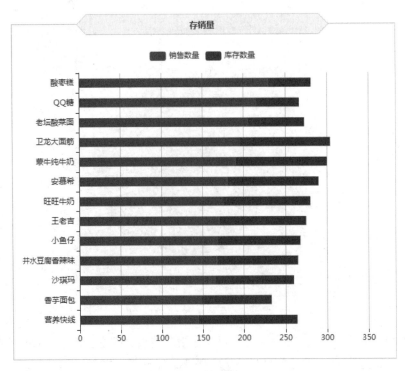

图 6-21　商品存销量堆积条形图

由图 6-21 可以看出，酸枣糕的销售数量是最高的，而营养快线的库存数量最高。

6.4.4　绘制簇状柱状-折线图展示滞销商品

根据商品的存货周转天数可以计算商品的存货周转率，现有商品滞销数据如表 6-14 所示。

表 6-14　商品滞销数据

商品名称	滞销金额（元）	库存数量（个）	存货周转率（%）
沙琪玛	310	90	0.85
卫龙大面筋	90	45	0.7
香芋面包	80	42	0.6
营养快线	270	90	0.49

续表

商品名称	滞销金额（元）	库存数量（个）	存货周转率（%）
小鱼仔	130	40	0.18
旺旺牛奶	450	95	0.45
安慕希	305	90	0.42
蒙牛纯牛奶	90	88	0.38

使用簇状柱状–折线图对商品的滞销金额、库存数量和存货周转率进行展示，如图 6-22 所示，绘制图 6-22 的代码详见 charts.int.js 文件。

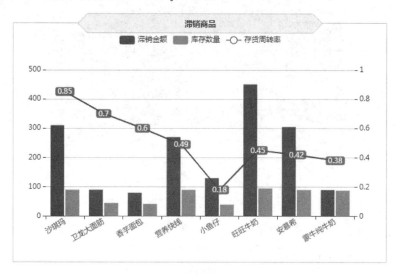

图 6-22　滞销商品簇状柱状–折线图

由图 6-22 可以看出，旺旺牛奶、沙琪玛、安慕希和营养快线的滞销金额较高，各个商品的库存数量都在 100 以下，小鱼仔的存货周转率最低，沙琪玛的存货周转率最高。

6.4.5　绘制矩形树图展示商品存货周转天数

现有各类商品存货周转天数数据，如表 6-15 所示。

表 6-15　各类商品存货周转天数

商品名称	存货周转天数（天）
沙琪玛	9
香芋面包	9
井水豆腐香辣味	9
卫龙大面筋	6
蒙牛纯牛奶	7
旺旺牛奶	3
安慕希	3
小鱼仔	2
营养快线	4
王老吉	7

使用矩形树图对各类商品的存货周转天数进行展示，如图 6-23 所示，绘制图 6-23 的代码详见 charts.int.js 文件。

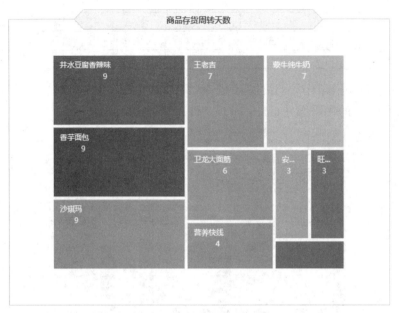

图 6-23　商品存货周转天数矩形树图

由图 6-23 可以看出，井水豆腐香辣味、香芋面包和沙琪玛 3 种商品的存货周转天数最多。

6.4.6　库存分析大屏可视化

对无人售货机库存情况进行大屏可视化展示，如图 6-24 所示。

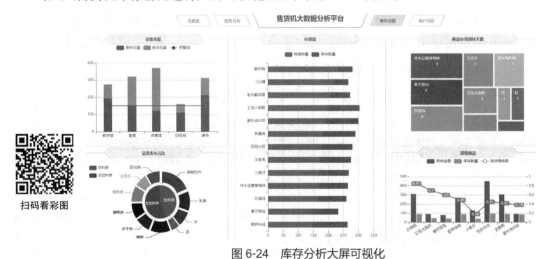

扫码看彩图

图 6-24　库存分析大屏可视化

由图 6-24 可以看出，在不同区域中，体育馆的无人售货机缺货总量最多；在不同商品品类中，碳酸饮料类的库存最多，商品的存货周转天数最多为 9 天，旺旺牛奶、沙琪玛、安慕希和营养快线的滞销金额较高。

任务 **6.5**　可视化展示用户分析

任务描述

对用户的购买行为进行分析，有助于了解用户的消费特点，且能提供个性化的服务，从而提升用户体验和忠诚度。依据无人售货机行业背景知识，利用用户消费的时间、地点等指标分析用户行为，对售货机用户情况进行可视化展示。

任务分析

（1）绘制用户消费地点和时间段簇状柱状图。

（2）绘制近 5 天用户增长和流失折线图。

（3）绘制用户分群雷达图。

（4）绘制用户类型占比环形图。

（5）绘制用户画像词云图。

6.5.1　绘制簇状柱状图展示用户消费地点和时间段

簇状柱状图适合分析对比组内各项数据。通过对不同区域和时间的消费人数进行可视化展示，可以分析用户偏好的消费地点和消费时段。用户消费地点数据如表 6-16 所示，用户消费时段数据如表 6-17 所示。

表 6-16　用户消费地点数据

消费地点	用户人数（人）
教学楼	35
食堂	25
体育馆	9
田径场	21
操场	18

表 6-17　用户消费时段数据

消费时段	用户人数（人）
早上	3
上午	22
中午	24
下午	28
晚上	11

1. 用户消费地点

对不同地点售货机的用户数量进行统计后，使用簇状柱状图对用户消费地点情况进行展示，如图 6-25 所示，绘制图 6-25 的代码详见 charts.user.js 文件。

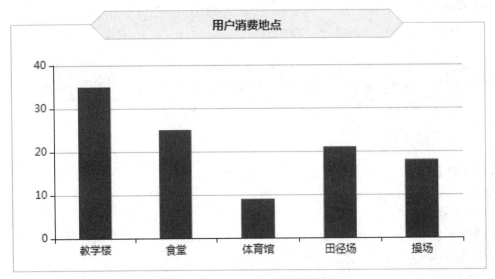

图 6-25　用户消费地点簇状柱状图

由图 6-25 可以看出，用户最喜欢的消费地点是教学楼，其次是食堂、田径场和操场，体育馆的用户数量最少。

2. 用户消费时段

对不同消费时段的售货机用户数量进行统计后，使用簇状柱状图对用户消费时段情况进行展示，如图 6-26 所示，绘制图 6-26 的代码详见 charts.user.js 文件。

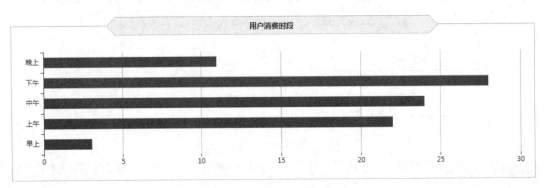

图 6-26　用户消费时段簇状柱状图

由图 6-26 可以看出，下午是一天中消费人数最多的时段，早上消费人数最少，大部分用户在白天进行消费。

6.5.2　绘制折线图展示近 5 天用户人数新增和流失趋势

计算用户最后一次购买行为距观察窗口结束的天数，天数大于 n 天，则为流失用户。现有近 5 天新增和流失用户数据，如表 6-18 所示。

表 6-18 近 5 天新增和流失用户数据

日期	新增人数（人）	流失人数（人）
9 月 1 日	5	3
9 月 2 日	25	11
9 月 3 日	20	13
9 月 4 日	22	4
9 月 5 日	12	8

使用折线图对近 5 天用户人数新增和流失趋势进行展示，如图 6-27 所示，绘制图 6-27 的代码详见 charts.user.js 文件。

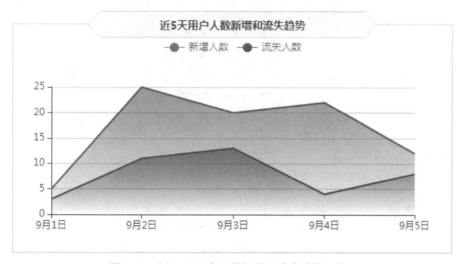

图 6-27 近 5 天用户人数新增和流失趋势折线图

由图 6-27 可以看出，近 5 天新增用户数最多为 25 人，流失用户数平均在 5 人以上。

6.5.3 绘制雷达图展示用户分群

根据消费金额、购买数量、购买频率、交易次数和客单价对用户进行分群，分群结果如表 6-19 所示。

表 6-19 用户分群数据

用户类型	消费金额（元）	购买数量（个）	购买频率（次）	交易次数（次）	客单价（元）
忠诚用户	40	30	20	40	40
潜力用户	58	20	44	70	60
一般用户	70	40	40	60	50
流失用户	8	9	10	7	8

使用雷达图对用户分群进行展示，如图 6-28 所示，绘制图 6-28 的代码详见 charts.user.js 文件。

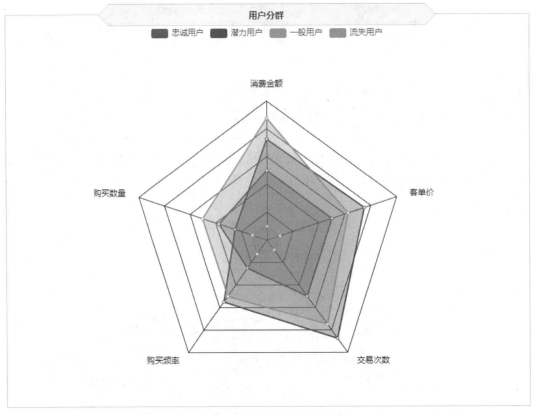

图 6-28　用户分群雷达图

由图 6-28 可以看出，一般用户和潜力用户的消费金额、购买数量、购买频率、交易次数和客单价都比较高，其次是忠诚用户，而流失用户的消费金额、购买数量、购买频率、交易次数和客单价最低。

6.5.4　绘制环形图展示用户类型人数占比

对不同类型用户的人数进行统计，结果如表 6-20 所示。

表 6-20　不同类型用户的人数

用户类型	用户人数（人）
忠诚用户	234
潜力用户	800
一般用户	800
流失用户	760

使用环形图对不同用户类型人数进行展示，如图 6-29 所示，绘制图 6-29 的代码详见 charts.user.js 文件。

由图 6-29 可以看出，一般用户、潜力用户和流失用户的人数占比较大，忠诚用户的人数占比较小。

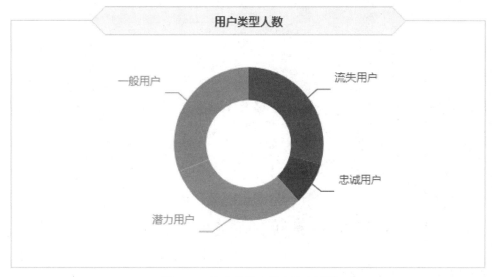

图 6-29　用户类型人数占比环形图

6.5.5　绘制词云图展示用户画像

现有用户购买的商品名称和商品数量数据，如表 6-21 所示。

表 6-21　用户购买的商品名称和商品数量数据

商品名称	商品数量（个）
安慕希	22199
井水豆腐香辣味	10288
蒙牛纯牛奶	620
沙琪玛	274470
王老吉	12311
小鱼仔	1206
优酸乳	4885
可口可乐	32294
咖啡	18574
旺仔牛奶	38929
豆腐干	969
燕麦饼干	37517
QQ 糖	12053
方便面	57299
碎碎冰	15418
矿泉水	22905
怪味豆	5146

根据用户购买的商品名称和商品数量数据，使用词云图对用户特征进行展示，观察用户的购买喜好，如图 6-30 所示，绘制图 6-30 的代码详见 charts.user.js 文件。

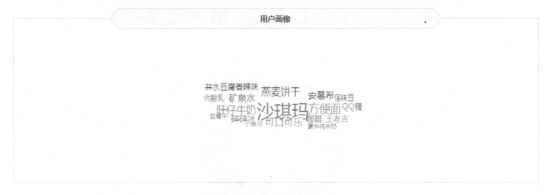

图 6-30　用户画像词云图

由图 6-30 可以看出用户最喜欢购买的商品是沙琪玛，其次是方便面、燕麦饼干、可口可乐等商品。

6.5.6　用户分析大屏可视化

对无人售货机用户情况进行大屏可视化展示，如图 6-31 所示。

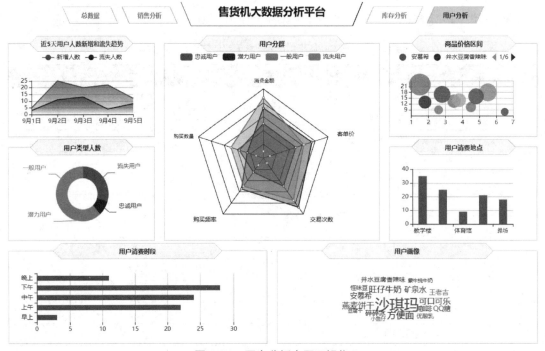

图 6-31　用户分析大屏可视化

由图 6-31 可以看出，用户偏好的消费区域是教学楼，用户偏好的消费时段是下午，用户普遍在白天进行消费；忠诚用户占比较小，说明无人售货机的用户流动性较强，可以根据用户的喜好调整无人售货机的商品结构，吸引用户进行复购，从而提高忠诚用户的占比。

小结

本章介绍了无人售货机的市场现状，还介绍了无人售货机项目的分析步骤与流程，着重介绍了如何使用 ECharts 图表对无人售货机零售项目的销售情况、库存情况和用户情况进行可视化展现。

实训

实训 1 可视化展示销售分析

1. 训练要点

餐饮综合项目的销售分析 ECharts 展示。

2. 需求说明

某餐饮企业的系统数据库中积累了大量与客户用餐相关的数据，包括客户信息表、菜品详情表、订单表、订单详情表 4 张表，从中选取相关因素，对餐饮项目销售情况进行可视化展示。

3. 实现思路及步骤

（1）绘制仪表盘分析总利润。

（2）绘制折线图分析每日订单量的变化情况。

（3）绘制堆积柱状图分析下单时间段与消费金额的关系。

实训 2 可视化展示菜品分析

1. 训练要点

餐饮综合项目的菜品分析 ECharts 展示。

2. 需求说明

基于实训 1 的 4 张表，从中选取相关因素，对餐饮项目菜品情况进行可视化展示。

3. 实现思路及步骤

（1）绘制饼图分析菜品口味的分布。

（2）绘制堆积柱状图分析不同菜品价格区间的订单量。

实训 3 可视化展示用户分析

1. 训练要点

餐饮综合项目的用户分析 ECharts 展示。

2. 需求说明

基于实训 1 的 4 张表，从中选取相关因素，对餐饮项目用户情况进行可视化展示。

3. 实现思路及步骤

（1）绘制折线图分析每月新增会员数。

（2）绘制堆积柱状图分析会员的性别分布。

（3）绘制环形图分析会员的星级分布。

第 7 章 基于 ECharts 的大数据分析可视化平台实现无人售货机用户分析

第 6 章已经介绍了使用 ECharts 来展现无人售货机零售项目，本章将介绍使用另一种工具——基于 ECharts 的大数据分析可视化平台，通过该平台实现无人售货机零售项目的用户分析。相较于传统 Python 解析器，大数据分析可视化平台具有流程化、去编程化等特点，可满足不懂编程的用户使用可视化仪表盘做展示的需求。大数据分析可视化平台帮助读者更加便捷地掌握数据可视化相关技术的操作，落实科教兴国战略、人才强国战略、创新驱动发展战略。

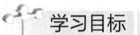 学习目标

（1）了解基于 ECharts 的大数据分析可视化平台。
（2）掌握使用平台绘制柱状图的操作。
（3）掌握使用平台绘制折线图的操作。
（4）掌握使用平台绘制雷达图的操作。
（5）掌握使用平台绘制饼图的操作。
（6）掌握使用平台绘制词云图的操作。
（7）掌握使用平台配置可视化仪表盘的操作。

任务 7.1　了解基于 ECharts 的大数据分析可视化平台

 任务描述

为了方便读者后续使用大数据分析可视化平台来配置可视化仪表盘，需要了解平台的特点和平台每个模块的功能。

 任务分析

（1）了解大数据分析可视化平台的基本概况。
（2）熟悉大数据分析可视化平台各个模块的功能。

7.1.1　初识平台

大数据分析可视化平台是由广东泰迪智能科技股份有限公司自主研发、基于 ECharts、用于可视化仪表盘展示的平台，是一款适用于高校教学和各领域企业的零门槛可视化工具。用户可在没有 ECharts 编程基础的情况下，通过拖曳的方式进行可视化操作。大数据分析可

视化平台基于公司多年大数据展示的积累，自主设计并开发了种类丰富的模板，可以将数据信息的可视化完美呈现，并且操作方便快捷，功能与视效兼顾。大数据分析可视化平台界面如图 7-1 所示。

图 7-1　大数据分析可视化平台界面

大数据分析可视化平台主要有以下几个特点。

（1）无需编程，通过拖曳的方式操作，方便快捷。

（2）提供多种类、多样式的可交互式图表，图表自定义程度高。

（3）提供多个仪表盘布局及项目模板，满足多样化需求。

（4）支持查看图表源码，方便教学。

（5）支持数据定时更新，实时反映数据变化趋势。

本书读者可通过关注微信公众号"泰迪学院"来获取平台的访问方式，具体步骤如下。

（1）微信搜索公众号"泰迪学院"，关注公众号。

（2）关注公众号后，回复"可视化平台"，获取访问链接。

（3）使用电脑，打开谷歌浏览器，输入链接，即可访问平台。

7.1.2　熟悉平台模块

下面将对平台"仪表盘""图表库""数据源"3 个模块进行介绍。

1. 仪表盘

用户登录平台后，首先进入的是"仪表盘"模块。"仪表盘"模块主要由主体画布和样式设置两部分组成，如图 7-2 所示。

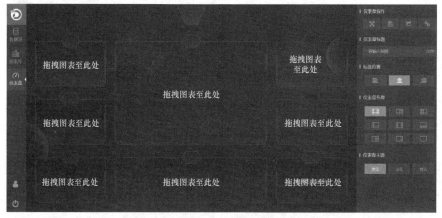

图 7-2　"仪表盘"模块

主体画布由多个小画布组成，每个小画布均可用于放置"图表库"模块中设计好的图表，最终构成一个图表丰富多样的仪表盘。

样式设置主要由"仪表盘操作""仪表盘标题""标题位置""仪表盘布局""仪表盘主题"组成，用户可根据需求进行个性化图表的设置。其中，"仪表盘布局"包含了 9 种可视化经典布局，如图 7-3 所示，每种布局各有特点。

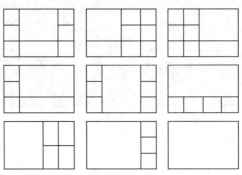

图 7-3　仪表盘布局

2. 图表库

"图表库"模块的主要作用是添加/管理图表，并对图表进行设计，如图 7-4 所示。

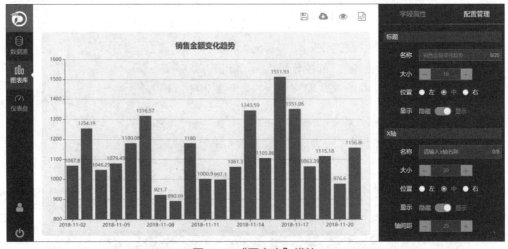

图 7-4　"图表库"模块

大数据分析可视化平台提供多类图表的绘制，常见图表如下。

（1）散点图：基础散点图、复合散点图。

（2）折线图：基础折线图、堆叠区域图、柱线混合图。

（3）柱状图：基础柱状图、堆叠柱状图、正负柱状图、横向柱状图。

（4）饼图：基础饼图、环形饼图、嵌套环形图。

（5）地图：中国地图、区域地图。

（6）其他：词云图、雷达图、仪表盘。

3. 数据源

"数据源"模块分为"我的数据源""我的数据集"两部分，如图 7-5 所示。

图 7-5　"数据源"模块

"我的数据源"主要用于添加/管理数据的来源信息，用户可选择来源于本地 csv 文件或来源于数据库的文件。当数据来源于本地文件时，平台可支持从本地导入 csv 类型数据文件，如图 7-6 所示。当数据来源于数据库时，平台可支持从常用 JDBC 数据库中导入数据，包括 DB2、SQL Server、MySQL、Oracle、PostgreSQL 等数据库，如图 7-7 所示。

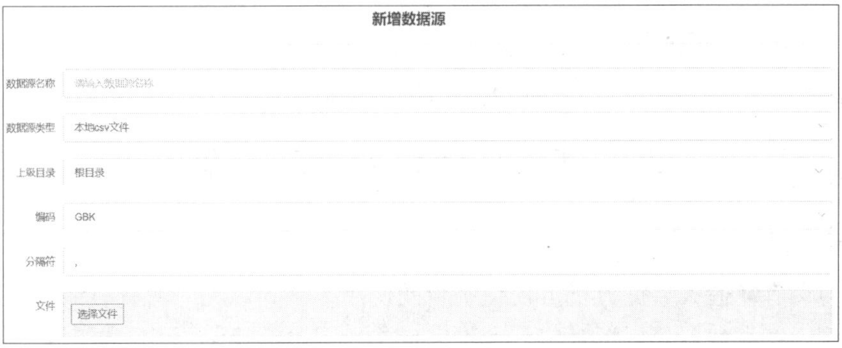

图 7-6　数据来源于本地 csv 文件

图 7-7　数据来源于数据库

"我的数据集"主要用于从数据源中选择对应的数据集，并配置数据集的维度列与指标列。维度是事物或现象的某种特征，如性别、地区、时间等。指标是用于衡量事物发展程度的单位或方法，如人口数、GDP、收入、利润率等，指标需要经过加和平均等汇总计算方式得到，如图 7-8 所示。

图 7-8　"我的数据集"

任务 7.2　配置无人售货机用户分析的可视化仪表盘

任务描述

为了使读者掌握大数据分析可视化平台的使用，需要以无人售货机零售项目中的用户分析为例，在大数据分析可视化平台上完成主要图表的绘制，并配置对应的可视化仪表盘。

任务分析

（1）绘制用户消费地点柱状图。
（2）绘制近 5 天用户增长和流失折线图。
（3）绘制用户分群雷达图。
（4）绘制用户类型占比饼图。
（5）绘制用户购买商品数量词云图。
（6）配置用户分析可视化仪表盘。

7.2.1　用户消费地点柱状图

柱状图适合分析对比组内各项数据。通过对不同区域的消费人数进行可视化展示，可以分析用户偏好的消费地点。用户消费地点如表 7-1 所示。

表 7-1   用户消费地点数据

消费地点	用户人数（人）
教学楼	35
食堂	25
体育馆	9
田径场	21
操场	18

1. 新增用户消费地点数据源

选择"数据源"模块，在"我的数据源"中选择"新增数据源"选项，如图 7-9 所示。

图 7-9   新增用户消费地点数据源（1）

在"新增数据源"界面中，"数据源名称"填入"用户消费地点"，"数据源类型"选择"本地 csv 文件"，单击"选择文件"，选择本地的"用户消费地点.csv"文件，弹出"数据源保存成功"弹窗，如图 7-10 所示。

图 7-10   新增用户消费地点数据源（2）

2. 新增用户消费地点数据集

选择"数据源"模块，在"我的数据集"中选择"新增数据集"选项，如图 7-11 所示。

图 7-11　新增用户消费地点数据集（1）

在"新增数据集"界面中，"名称"填入"用户消费地点"，"数据源"选择"用户消费地点(TextFile)"，将"消费地点"拖曳至"维度列"当中，将"用户人数"拖曳至"指标列"当中，如图 7-12 所示，然后单击"保存"按钮。

图 7-12　新增用户消费地点数据集（2）

3. 绘制用户消费地点柱状图

选择"图表库"模块，在"我的图表"中选择"新增图表"选项，如图 7-13 所示。

图 7-13　绘制用户消费地点柱状图（1）

在"新增图表"界面中，"图表名称"填入"用户消费地点柱状图"，"数据集"选择"用户消费地点"，"系统图表"选择"柱状图"中的"基础柱状图"，如图 7-14 所示，然后单击"确定"按钮。

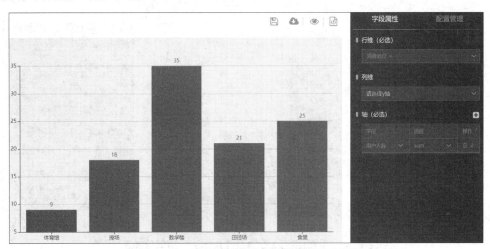

图 7-14　绘制用户消费地点柱状图（2）

在"字段属性"选项卡中，"行维（必选）"选择"消费地点"，"轴（必选）"中添加一个选项，并选择"用户人数"，如图 7-15 所示。

图 7-15　配置用户消费地点柱状图的字段属性

单击"配置管理"选项卡，在"标题"中的"名称"文本框中填入"用户消费地点柱状图"，如图 7-16 所示。"绘图网格"中的"上边距"调整至"16%"，如图 7-17 所示。"标签"中的"高亮显示"选择"隐藏"，如图 7-18 所示。

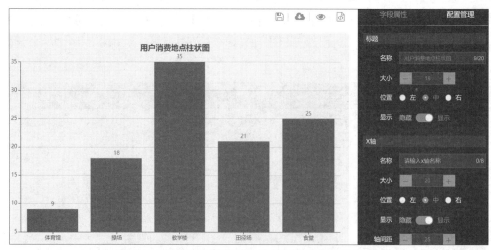

图 7-16　设置用户消费地点柱状图的配置管理（1）

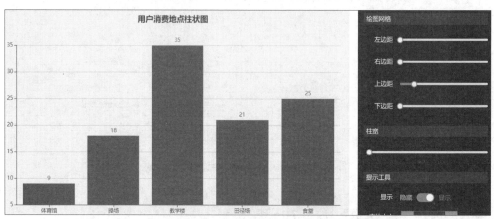

图 7-17　设置用户消费地点柱状图的配置管理（2）

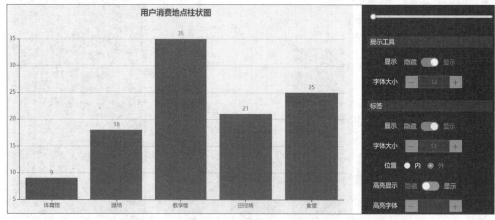

图 7-18　设置用户消费地点柱状图的配置管理（3）

单击"保存"按钮，保存用户消费地点柱状图，如图 7-19 所示。

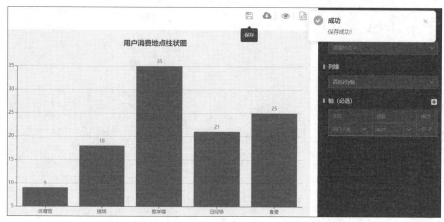

图 7-19　保存用户消费地点柱状图

7.2.2　近 5 天用户增长和流失折线图

计算用户最后一次购买行为距观察窗口结束的天数，天数大于 n 天，则为流失用户。现有近 5 天新增和流失用户数据，如表 7-2 所示。

表 7-2　近 5 天新增和流失用户数据

日期	新增人数（人）	流失人数（人）
9 月 1 日	5	3
9 月 2 日	25	11
9 月 3 日	20	13
9 月 4 日	22	4
9 月 5 日	12	8

1. 新增近 5 天新增和流失用户数据源

选择"数据源"模块，在图 7-20 所示的"我的数据源"中选择"新增数据源"选项。

图 7-20　新增近 5 天新增和流失用户数据源（1）

在"新增数据源"界面中，"数据源名称"填入"近 5 天新增和流失用户"，"数据源类型"选择"本地 csv 文件"，单击"选择文件"，选择本地的"近 5 天新增和流失用户.csv"文件，弹出"数据源保存成功"弹窗，如图 7-21 所示。

图 7-21　新增近 5 天新增和流失用户数据源（2）

2. 新增近 5 天新增和流失用户数据集

选择"数据源"模块，在"我的数据集"中选择"新增数据集"选项，如图 7-22 所示。

图 7-22　新增近 5 天新增和流失用户数据集（1）

在"新增数据集"界面中，"名称"填入"近 5 天新增和流失用户"，"数据源"选择"近 5 天新增和流失用户(TextFile)"，将"日期"拖曳至"维度列"当中，将"新增人数""流失人数"拖曳至"指标列"当中，如图 7-23 所示，然后单击"保存"按钮。

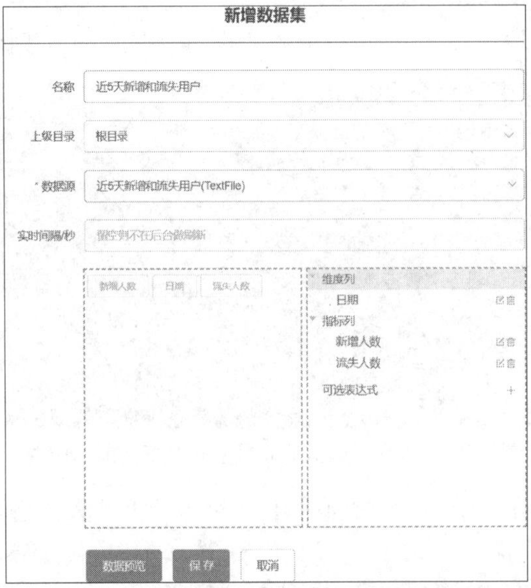

图 7-23　新增近 5 天新增和流失用户数据集（2）

3. 绘制近 5 天用户增长和流失折线图

选择"图表库"模块，在"我的图表"中选择"新增图表"选项，如图 7-24 所示。

图 7-24　绘制近 5 天用户增长和流失折线图（1）

在"新增图表"界面中，"图表名称"填入"近 5 天用户增长和流失折线图"，"数据集"选择"近 5 天新增和流失用户"，"系统图表"选择"折线图"中的"基础折线图"，如图 7-25 所示，然后单击"确定"按钮。

图 7-25　绘制近 5 天用户增长和流失折线图（2）

在"字段属性"选项卡中，"行维（必选）"选择"日期"，"轴（必选）"中添加两个选项，并选择"新增人数""流失人数"，如图 7-26 所示。

单击"配置管理"选项卡，在"标题"中的"名称"文本框中填入"近 5 天用户增长和流失折线图"，如图 7-27 所示。"图例"中的"显示"选择"显示"，"排列方式"选择"横向"，"水平位置"调整至"82%"，"绘图网格"中的"上边距"调整至"20%"，如图 7-28 所示。"标签"中的"高亮显示"选择"隐藏"，如图 7-29 所示。

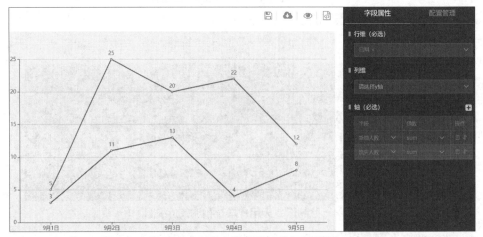

图 7-26　配置近 5 天用户增长和流失折线图的字段属性

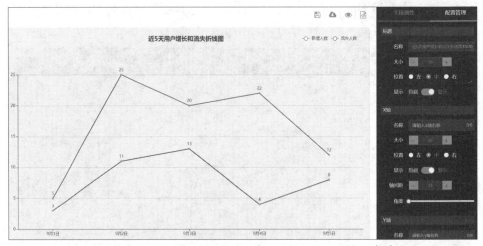

图 7-27　设置近 5 天用户增长和流失折线图的配置管理（1）

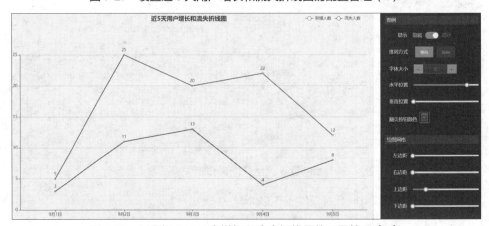

图 7-28　设置近 5 天用户增长和流失折线图的配置管理（2）

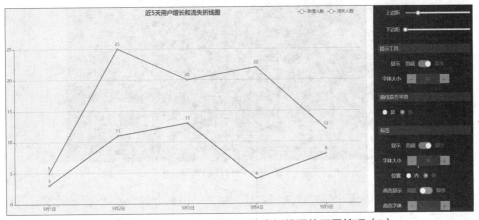

图 7-29　设置近 5 天用户增长和流失折线图的配置管理（3）

单击"保存"按钮，保存近 5 天用户增长和流失折线图，如图 7-30 所示。

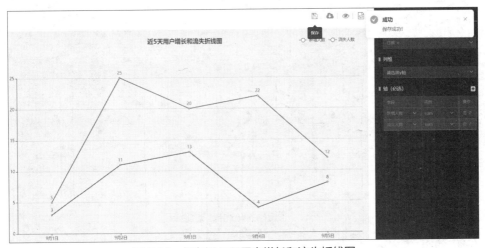

图 7-30　保存近 5 天用户增长和流失折线图

7.2.3　用户分群雷达图

根据消费金额、购买数量、购买频率、交易次数和客单价对用户进行分群的分群结果如表 7-3 所示。

表 7-3　用户分群数据

特征	忠诚用户	潜力用户	一般用户	流失用户
消费金额（元）	40	58	70	8
购买数量（个）	30	20	40	9
购买频率（次）	20	44	40	10
交易次数（次）	40	70	60	7
客单价（元）	40	60	50	8

1. 新增用户分群数据源

选择"数据源"模块，在"我的数据源"中选择"新增数据源"选项，如图 7-31 所示。

图 7-31　新增用户分群数据源（1）

在"新增数据源"界面中，"数据源名称"填入"用户分群"，"数据源类型"选择"本地 csv 文件"，单击"选择文件"，选择本地的"用户分群.csv"文件，弹出"数据源保存成功"弹窗，如图 7-32 所示。

图 7-32　新增用户分群数据源（2）

2. 新增用户分群数据集

选择"数据源"模块，在"我的数据集"中选择"新增数据集"选项，如图 7-33 所示。

图 7-33　新增用户分群数据集（1）

在"新增数据集"界面中，"名称"填入"用户分群"，"数据源"选择"用户分群(TextFile)"，将"特征"拖曳至"维度列"当中，将"忠诚用户""一般用户""潜力用户""流失用户"拖曳至"指标列"当中，如图 7-34 所示，然后单击"保存"按钮。

图 7-34　新增用户分群数据集（2）

3. 绘制用户分群雷达图

选择"图表库"模块，在"我的图表"中选择"新增图表"选项，如图 7-35 所示。

图 7-35　绘制用户分群雷达图（1）

在"新增图表"界面中，"图表名称"填入"用户分群雷达图"，"数据集"选择"用户分群"，"系统图表"选择"其他"中的"雷达图"，如图 7-36 所示，然后单击"确定"按钮。

图 7-36　绘制用户分群雷达图（2）

在"字段属性"选项卡中，"行维（必选）"选择"特征"，"轴（必选）"中添加 4 个选项，并选择"忠诚用户""一般用户""潜力用户""流失用户"，如图 7-37 所示。

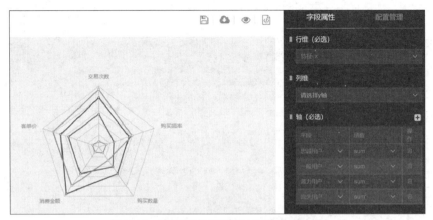

图 7-37　配置用户分群雷达图的字段属性

单击"配置管理"选项卡，在"标题"中的"名称"文本框中填入"用户分群雷达图"，"图例"中的"显示"选择"显示"，"字体大小"调整至"16"，如图 7-38 所示。"雷达图位置"中的"垂直"调整至"56%"，"雷达图大小占比"调整至"92%"，如图 7-39 所示。

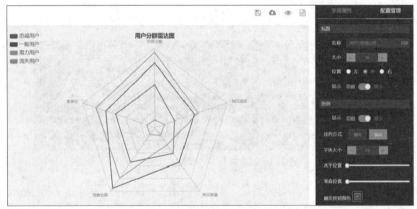

图 7-38　设置用户分群雷达图的配置管理（1）

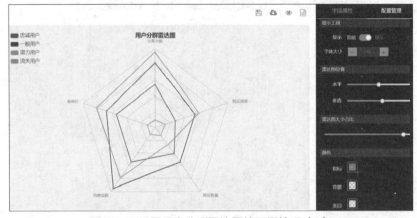

图 7-39　设置用户分群雷达图的配置管理（2）

单击"保存"按钮，保存用户分群雷达图，如图 7-40 所示。

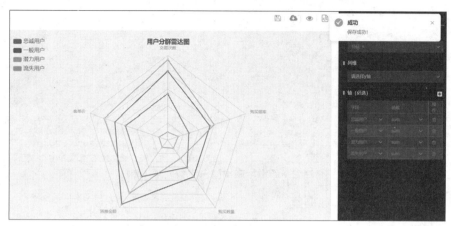

图 7-40　保存用户分群雷达图

7.2.4　用户类型占比饼图

对不同类型用户人数进行统计的结果如表 7-4 所示。

表 7-4　用户类型占比数据

用户类型	用户人数（人）
忠诚用户	234
潜力用户	800
一般用户	800
流失用户	760

1. 新增用户类型占比数据源

选择"数据源"模块，在"我的数据源"中选择"新增数据源"选项，如图 7-41 所示。

图 7-41　新增用户类型占比数据源（1）

在"新增数据源"界面中，"数据源名称"填入"用户类型占比"，"数据源类型"选择"本地 csv 文件"，单击"选择文件"，选择本地的"用户类型占比.csv"文件，弹出"数据源保存成功"弹窗，如图 7-42 所示。

图 7-42 新增用户类型占比数据源（2）

2. 新增用户类型占比数据集

选择"数据源"模块，在"我的数据集"中选择"新增数据集"选项，如图 7-43 所示。

图 7-43 新增用户类型占比数据集（1）

在"新增数据集"界面中，"名称"填入"用户类型占比"，"数据源"选择"用户类型占比(TextFile)"，将"用户类型"拖曳至"维度列"当中，将"用户人数"拖曳至"指标列"当中，如图 7-44 所示，然后单击"保存"按钮。

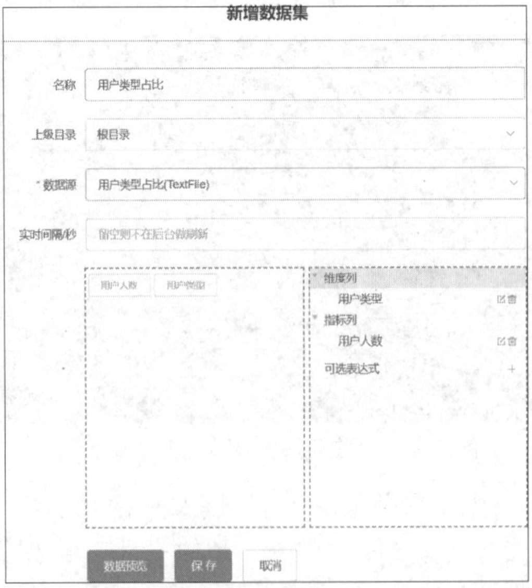

图 7-44 新增用户类型占比数据集（2）

3. 绘制用户类型占比饼图

选择"图表库"模块，在"我的图表"中选择"新增图表"选项，如图 7-45 所示。

图 7-45　绘制用户类型占比饼图（1）

在"新增图表"界面中，"图表名称"填入"用户类型占比饼图"，"数据集"选择"用户类型占比"，"系统图表"选择"饼图"中的"环形饼图"，如图 7-46 所示，然后单击"确定"按钮。

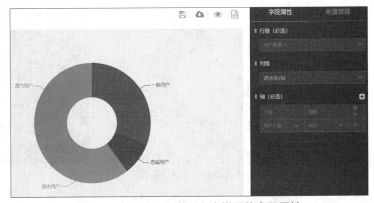

图 7-46　绘制用户类型占比饼图（2）

在"字段属性"选项卡中，"行维（必选）"选择"用户类型"，"轴（必选）"中添加一个选项，并选择"用户人数"，如图 7-47 所示。

图 7-47　配置用户类型占比饼图的字段属性

单击"配置管理"选项卡，在"标题"中的"名称"文本框中填入"用户类型占比饼图"，"图例"中的"显示"选择"显示"，"垂直位置"调整至"12%"，如图 7-48 所示。"饼图大小"中的"内环"调整至"40%"，"饼图位置"中的"水平"调整至"66%"，"垂直"调整至"60%"，如图 7-49 所示。"标签"中的"显示"选择"隐藏"，"高亮显示"选择"隐藏"，如图 7-50 所示。

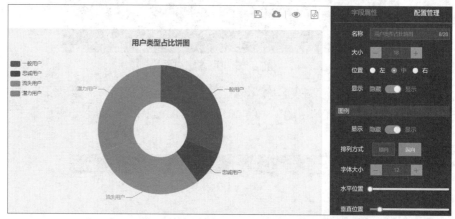

图 7-48　设置用户类型占比饼图的配置管理（1）

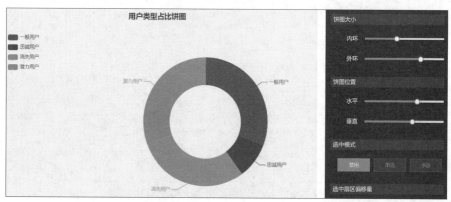

图 7-49　设置用户类型占比饼图的配置管理（2）

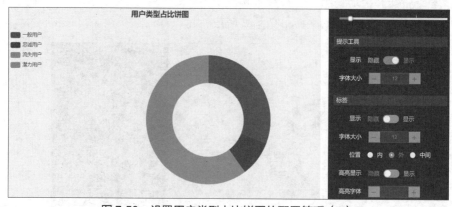

图 7-50　设置用户类型占比饼图的配置管理（3）

单击"保存"按钮，保存用户类型占比饼图，如图 7-51 所示。

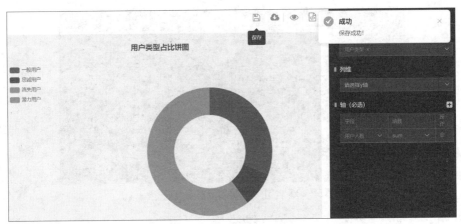

图 7-51 保存用户类型占比饼图

7.2.5 用户购买商品数量词云图

现有用户购买商品的名称和商品数量数据，如表 7-5 所示，根据用户购买商品的名称和商品数量数据，使用词云图对用户特征进行展示，观察用户的购买喜好。

表 7-5 用户购买商品名称及数量数据

商品名称	商品数量（个）
安慕希	22199
井水豆腐香辣味	10288
蒙牛纯牛奶	620
沙琪玛	274470
王老吉	12311
小鱼仔	1206
优酸乳	4885
可口可乐	32294
咖啡	18574
旺仔牛奶	38929
豆腐干	969
燕麦饼干	37517
QQ 糖	12053
方便面	57299
碎碎冰	15418
矿泉水	22905
怪味豆	5146

1. 新增用户购买商品数量数据源

选择"数据源"模块，在"我的数据源"中选择"新增数据源"选项，如图 7-52 所示。

图 7-52　新增用户购买商品数量数据源（1）

在"新增数据源"界面中，"数据源名称"填入"用户购买商品数量"，"数据源类型"选择"本地 csv 文件"，单击"选择文件"，选择本地的"用户购买商品数量.csv"文件，弹出"数据源保存成功"弹窗，如图 7-53 所示。

图 7-53　新增用户购买商品数量数据源（2）

2. 新增用户购买商品数量数据集

选择"数据源"模块，在"我的数据集"中，选择"新增数据集"，如图 7-54 所示。

图 7-54　新增用户购买商品数量数据集（1）

在"新增数据集"界面中，"名称"填入"用户购买商品数量"，"数据源"选择"用户购买商品数量(TextFile)"，将"商品名称"拖曳至"维度列"当中，将"商品数量"拖曳至"指标列"当中，如图 7-55 所示，然后单击"保存"按钮。

图 7-55　新增用户购买商品数量数据集（2）

3. 绘制用户购买商品数量词云图

选择"图表库"模块，在"我的图表"中选择"新增图表"选项，如图 7-56 所示。

图 7-56　绘制用户购买商品数量词云图（1）

在"新增图表"界面中，"图表名称"填入"用户购买商品数量词云图"，"数据集"选择"用户购买商品数量"，"系统图表"选择"其他"中的"词云图"，如图 7-57 所示，然后单击"确定"按钮。

图 7-57　绘制用户购买商品数量词云图（2）

在"字段属性"选项卡中，"行维（必选）"选择"商品名称"，"轴（必选）"中添加一个选项，并选择"商品数量"，如图 7-58 所示。

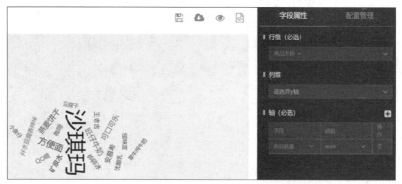

图 7-58　配置用户购买商品数量词云图的字段属性

单击"配置管理"选项卡，在"标题"中的"名称"文本框中填入"用户购买商品数量词云图"，"词间距"调整至"6"，如图 7-59 所示。"词云大小区间"调整至"12～26"，如图 7-60 所示。

图 7-59　设置用户购买商品数量词云图的配置管理（1）

图 7-60　设置用户购买商品数量词云图的配置管理（2）

单击"保存"按钮，保存用户购买商品数量词云图，如图 7-61 所示。

图 7-61　保存用户购买商品数量词云图

7.2.6　配置用户分析可视化仪表盘

所有图表绘制完成后，对无人售货机零售项目的用户分析进行可视化仪表盘展示，步骤如下。

（1）选择"仪表盘"模块，在"我的仪表盘"中选择"新增仪表盘"选项，如图 7-62 所示。

图 7-62　新建用户分析可视化仪表盘（1）

（2）在"新增仪表盘"界面中，"仪表盘名称"填入"无人售货机零售项目用户分析"，如图 7-63 所示，然后单击"确定"按钮。

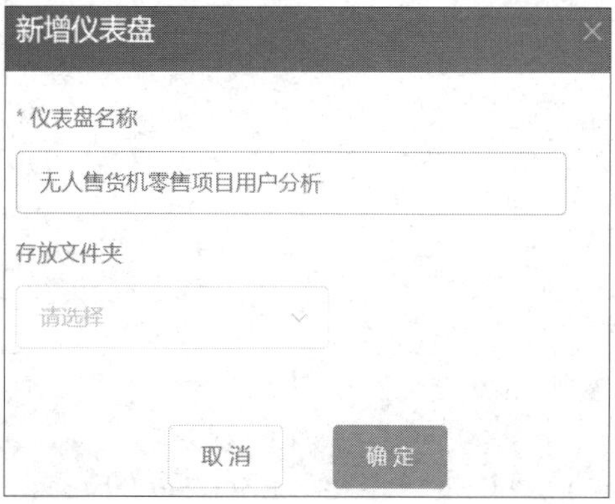

新增仪表盘

* 仪表盘名称

无人售货机零售项目用户分析

存放文件夹

请选择

取消　　确定

图 7-63　新建用户分析可视化仪表盘（2）

（3）在"仪表盘标题"中填入"无人售货机零售项目用户分析"，"仪表盘布局"选择  ，如图 7-64 所示。

图 7-64　配置用户分析可视化仪表盘（1）

（4）将"个人图表"中的"用户购买商品数量词云图"拖曳到仪表盘左侧上方的画布当中，如图 7-65 所示。

图 7-65　配置用户分析可视化仪表盘（2）

（5）将"个人图表"中的"用户类型占比饼图"拖曳到仪表盘左侧下方的画布当中，如图 7-66 所示。

图 7-66　配置用户分析可视化仪表盘（3）

（6）将"个人图表"中的"用户分群雷达图"拖曳到仪表盘右侧上方的画布当中，如图 7-67 所示。

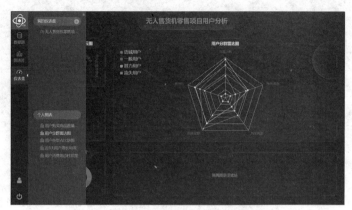

图 7-67　配置用户分析可视化仪表盘（4）

（7）将"个人图表"中的"近 5 天用户增长和流失折线图"拖曳到仪表盘右侧下方的画布当中，如图 7-68 所示。

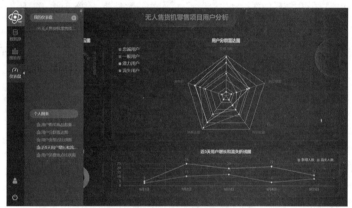

图 7-68　配置用户分析可视化仪表盘（5）

（8）将"个人图表"中的"用户消费地点柱状图"拖曳到仪表盘左侧中间的画布当中，如图 7-69 所示。

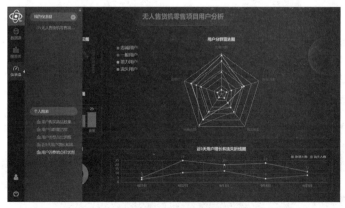

图 7-69　配置用户分析可视化仪表盘（6）

最终，配置好的用户分析可视化仪表盘如图 7-70 所示。

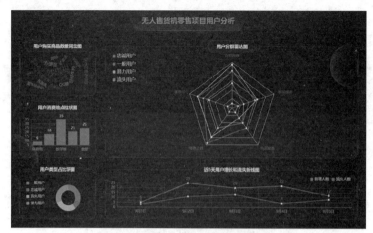

图 7-70　用户分析可视化仪表盘

小结

本章介绍了如何在基于 ECharts 的大数据分析可视化平台上配置无人售货机零售项目用户分析的可视化仪表盘，从数据上传，到数据集划分，再到图表绘制，最后配置可视化仪表盘，向读者展示了每个图表的绘制过程。同时，平台去编程、拖曳式的操作，可使没有 ECharts 编程基础的读者轻松构建可视化仪表盘，从而达到数据展示的目的。

实训

实训　可视化展示销售分析

1. 训练要点

无人售货机零售项目销售分析的可视化仪表盘配置。

2. 需求说明

依据无人售货机行业背景知识，选取相关因素，对售货机销售情况进行可视化展示。

3. 实现思路及步骤

（1）绘制销售金额、订单量、毛利润、客单价的饼图。

（2）绘制商品销售数量柱状图。

（3）绘制商品价格区间散点图。

（4）绘制销售金额实际值与预测值折线图。

参考文献

[1] 邱南森. 鲜活的数据：数据可视化指南[M]. 向怡宁，译. 北京：人民邮电出版社，2012.

[2] 杨怡滨，张良均. Excel 数据获取与处理[M]. 北京：人民邮电出版社，2019.

[3] 柳扬，张良均. Excel 数据分析与可视化[M]. 北京：人民邮电出版社，2020.

[4] 潘强，张良均. Power BI 数据分析与可视化[M]. 北京：人民邮电出版社，2019.

[5] 周苏，张丽娜，王文. 大数据可视化技术[M]. 北京：清华大学出版社，2016.

[6] 周庆麟，胡子平. Excel 数据分析思维、技术与实践[M]. 北京：北京大学出版社，2019.

[7] 刘亚男，谢文芳，李志宏. Excel 商务数据处理与分析[M]. 北京：人民邮电出版社，2019.

[8] 吕峻闽，张诗雨. 数据可视化分析：Excel 2016+Tableau [M]. 北京：电子工业出版社，2017.

[9] 西蒙. 大数据可视化：重构智慧社会[M]. 漆晨曦，译. 北京：人民邮电出版社，2015.

[10] 舍恩伯格，库克耶. 大数据时代：生活、工作与思维的大变革[M]. 盛杨燕，周涛，译. 杭州：浙江人民出版社，2013.

[11] 陈为，沈则潜，陶煜波，等. 数据可视化[M]. 北京：电子工业出版社，2013.